基于超构表面的
基片集成波导天线设计

吴婷　白昊　马芳　张晨　著

U0316088

北　京

冶 金 工 业 出 版 社

2024

内 容 提 要

本书对基片集成波导阵列小型化、拓展工作带宽、稳定增益、提升频带内口径效率及简化设计流程、降低加工成本、抑制天线阵元耦合等进行了创新性研究，并详细介绍了多种提升基片集成波导天线性能的方法，以及通过软件仿真及实物测试验证了设计方法的有效性。

本书可供电子科学领域工程技术人员阅读，也可供高等院校电子科学与技术、物理学类等相关专业师生的教学参考。

图书在版编目（CIP）数据

基于超构表面的基片集成波导天线设计／吴婷等著.
北京：冶金工业出版社，2024.12. -- ISBN 978-7
-5240-0024-2

Ⅰ. TN82

中国国家版本馆 CIP 数据核字第 2024H79T47 号

基于超构表面的基片集成波导天线设计

出版发行	冶金工业出版社	**电　话**	(010)64027926
地　址	北京市东城区嵩祝院北巷 39 号	**邮　编**	100009
网　址	www.mip1953.com	**电子信箱**	service@ mip1953.com

责任编辑　王悦青　美术编辑　彭子赫　版式设计　郑小利
责任校对　梅雨晴　责任印制　禹　蕊
北京印刷集团有限责任公司印刷
2024 年 12 月第 1 版，2024 年 12 月第 1 次印刷
710mm×1000mm　1/16；10.75 印张；208 千字；163 页
定价 **75.00** 元

投稿电话　(010)64027932　投稿信箱　tougao@cnmip.com.cn
营销中心电话　(010)64044283
冶金工业出版社天猫旗舰店　yjgycbs.tmall.com
（本书如有印装质量问题，本社营销中心负责退换）

前　　言

　　高性能基片集成波导天线及阵列在当代军事装备领域和新一代通信领域均具有广阔的应用前景和迫切的实际需求。传统的基片集成波导天线受制于工作带宽窄、增益水平低、天线尺寸大等问题，因此设计小型化的高性能基片集成波导天线已经成为面向新一代通信前端阵列设计的突破口。

　　采用经典的模式叠加可以有效拓展基片集成波导天线的工作带宽，但是不规则的缝隙在一定程度破坏了原有天线平衡布局，影响了增益特性。如何拓宽缝隙天线的工作带宽同时保持较高且稳定的增益仍然是一项巨大挑战。同时，作为一种常见手段，超构表面已被广泛应用于提升天线阵列工作带宽和增益，但是在提高宽带天线增益方面仍然拥有巨大潜力，特别是在维持天线宽带特性的基础上提升特定频段增益仍需进行深入研究。

　　多模谐振理论、超构表面及网络耦合抑制方法是改善天线阵列性能的有效手段，本书围绕基片集成波导天线的性能提升方法进行了系统介绍，是作者研究小组近十年来在基片集成波导天线领域的主要研究工作和成果，内容主要涉及超构表面、多模谐振、阵列稀疏化、去耦网络4种方法，实现了基片集成波导天线及阵列阻抗特性和辐射性能的提升，有效抑制天线阵元耦合等。

　　本书是作者团队多年从事基片集成波导阵列天线性能提升技术研究工作的总结，书中内容涉及的有关研究得到了国家自然科学基金项目、陕西省重点研发计划项目和西安市科技计划项目的资助，在本书的撰写过程中，研究生王嘉伟、康健壮、闫磊、张政、任靖宇、张晨、马芳、王旻尧、张紫康等人做了大量有益的工作，在此一并表示感谢。

由于作者水平有限，书中若存在不妥之处，欢迎读者不吝指正。

作　者

2024 年 5 月

目　　录

1 绪 论

1.1 概 述

现代战争是高科技战争，是各种高新技术的集合。随着现代雷达、无线通信、电子对抗等技术的飞速发展和战场复杂性的提高，对微波毫米波天线提出了更严格的要求[1]。天线作为应用于发射或接收无线电波的器件，是通信系统中不可或缺的基本组成部分，天线性能对于无线通信质量有着举足轻重的作用。无线通信技术的快速发展也推动着天线向高增益、易集成、小型化、低成本等方向发展。因此在保持或者提高可靠性的同时减小天线的体积和重量，是微波毫米波频段天线发展的一个主流趋势。

5G无线网络技术引领第四次工业革命，而5G天线作为无线通信的终端，逐渐成为研究热点[2]。首先，受安装平台尺寸的限制，天线小型化的研究方兴未艾。考虑到天线的成本降低和多功能性，多频段或分时模式是必要的，由此小型化的多功能一体机由于体积小而越来越受欢迎。多波束天线就是其中一种[1-3]，多波束天线可以在同一种天线上产生全时或分时不同的波束以获得不同的功能，是简化整个天线系统的有效方法之一。这种天线可以有效缓解多径衰落现象，天线可以形成预定方向的波束，屏蔽网络免受噪声源干扰。其次，随着新一代通信技术的不断发展，通信系统的发展对天线的带宽和增益提出了新的要求[4]。天线作为通信系统的终端，在整个系统中扮演着重要的角色。检测距离代表天线的性能，对于天线而言，检测距离和精度体现在天线的增益上，增益越高，检测范围越广。

基片集成波导（Substrate Integrated Waveguide，SIW）技术是近些年提出的一种可以集成于介质基片中具有低插损、低辐射等特性的新导波结构[5]。与传统金属波导相比，基片集成波导的重量轻，体积小，但是却具有和传统波导相似的传播特性，易于与平面电路结构集成；它可以有效地实现无源和有源集成，实现微波毫米波系统小型化。与平面结构例如微带线相比较，基片集成波导又有损耗小、高品质因数（Quality factor，Q值）等优点，而且具有良好的定向辐射特性，非常具有研究价值。通过在多层微带阵列的馈电网络中引入波导、基片集成波导等高效率的传输线，能够降低馈电网络的损耗，实现更高的阵列辐射效率，从而为组成高增益的大型微带阵列天线提供保证。

基片集成波导缝隙天线通过在 SIW 的金属表面刻蚀横向辐射缝隙，切割表面电流从而实现能量向自由空间的辐射，因其性能高、体积小、重量轻、易集成、易组阵等优点被广泛应用于毫米波天线设计，成为极具前景的毫米波通信系统设计平台。基于 SIW 技术的背腔缝隙天线作为一种新型天线，具有结构简单、剖面低、损耗小、增益高和辐射效率高等特点，克服了因采用传统金属背腔导致的天线体积笨重、结构复杂、成本高、不易与平面电路集成等缺点。此外，利用低阶模式（半模、四分之一模式）的 SIW 谐振腔可以大幅度缩减天线尺寸[6]，并且天线固有金属通孔的存在能够有效隔离单元之间的能量泄漏，提高隔离度，为天线的小型化和紧凑型大规模多输入多输出（Massive Multiple-Input Multiple-Output，M-MIMO）阵列的实际应用拓宽了思路。

SIW 可采用成本较低的多层印刷电路板（PCB）、低温共烧陶瓷（LTCC）或者薄膜工艺来实现，使得 SIW 缝隙天线与毫米波通信系统实现集成化，从而满足人们对当代通信系统成本低、体积小和集成度高等要求。但是，SIW 天线往往存在工作带宽狭窄的不足，限制了其大规模应用。传统的模式叠加方法虽然在一定程度上增加了带宽，但是却造成了天线增益降低，方向图变差的问题；另外，会增加天线的高度，不利于集成。所以如何在维持天线增益的基础上展宽工作带宽是 SIW 天线设计中需要考虑的重点问题。

随着超构表面物理特性研究的不断深入，其应用领域也进一步扩展。利用超构表面强大的电磁波调控能力及超薄厚度、低损耗和易加工等物理特性，将其应用到天线设计中，为高性能天线的制备提供新思路，具有显著的应用前景。作为一项工程创新，超构表面天线近年来得到了大量研究，用于提升传统天线的性能，包括天线的小型化[7]、极化转换[8]、抑制表面波[9]、拓展带宽[10]、提高增益[11]等。将超构表面结构应用于传统天线的设计，是实现性能增强的可能途径之一。近年来人们对具有高次模特性的 SIW 背腔馈电技术进行广泛研究，通过多种技术手段展宽此类天线带宽，这些技术手段的作用主要是通过设计多个相邻谐振点实现多谐振从而有效展宽带宽。因此，将 SIW 技术与上述超构表面阵列相结合，充分考虑电磁兼容性，进而设计出高性能的超构表面天线，对于新型 SIW 高性能天线系统的工作性能提升和推广有着非常重要的意义和实际应用价值。

物联网（IoT）在数据分析和通信发展方面具有无可比拟的感知力和包容力。无线通信技术的飞速发展使得信息的传输和交换更加高效和多样化，加速了人类社会的信息—体化进程[12]。随着物联网技术与通信技术的结合越来越紧密，其核心技术之一的 MIMO 天线技术[13]也得到了越来越广泛的应用，且与网络连接的终端设备也趋于小型化。在 5G 技术时代，面对 5G 在传输速率和系统容量方面的高要求，天线数量会越来越多，因此对小型化终端设备中阵列的设计要求也越来越高[14]。MIMO 阵元之间的相互耦合是干扰天线辐射的重要障碍之一[15]。此外，隔离度会影响天线的辐射效率、干扰信噪比、天线增益等指标。由于近场效应的存在和表面波的相互作用，相互耦合会导致一系列严重问题，如阻抗失配、辐射失真、旁瓣电平增强和存在扫描盲区等。然而，大间距与天线小型化和低成本的发展趋势相矛盾。因此，需要降低相互耦合，改善甚至提高天线阵元性能[16]。与传统 MIMO 相比，大规模 MIMO 系统中的天线数量大幅增加，如何在确保有效控制相互耦合的同时，在更小的空间内设计天线仍是一个技术难题。

综上，研究高性能的 SIW 天线对无线通信的发展具有重要意义。本书围绕如何提升 SIW 天线的性能这一主题，从工作带宽和辐射性能的提升两方面展开，利用多模谐振理论和加载超构表面两大手段，以 4 种经典的 SIW 天线：背腔缝隙天线、四分之一模天线、宽带缝隙天线和宽边长线天线为例，采用加载超构表面、多模谐振、阵列稀疏化 3 种方法，有效实现了 SIW 天线、阵列的阻抗特性和辐射性能的提升。针对目前进一步提升 SIW 天线性能并实现高效、快速设计与实现中遇到的问题，本书对阵列小型化设计、拓展工作带宽同时稳定增益、提升频带内口径效率及简化设计流程、降低加工成本等进行创新性研究，提出了以下方法：利用超构表面实现宽带 SIW 背腔天线特定频段增益提升，基于四分之一模 SIW 多波束和共口径多频带天线阵列实现方案，利用超构表面实现宽带 SIW 缝隙阵列天线口径效率提升，利用混合超构表面实现宽边长线 SIW 阵列天线工作带宽的拓展和增益的提升。这促进了 SIW 天线阵在下一代通信系统中的发展，具有较强的理论研究意义和实际应用价值。

1.2 基片集成波导天线的研究现状

基片集成波导是一种利用标准的 PCB 工艺加工制作，类似于传统矩形金属波导的准封闭平面导波结构[17]。SIW 兼具传统矩形波导和微带线的优点，具有良好的传输特性和电磁兼容特性，而且结构紧凑、重量轻、易于集成和加工。从2000 年开始，加拿大蒙特利尔大学的吴柯教授提出了基片集成波导电路的概念[18]，其后吴柯教授和东南大学洪伟教授课题组及其他科研团队对基片集成波导的性质进行了详细的研究[19]，并设计出了许多性能良好的微波元器件及天线。SIW 采用平面结构模拟波导结构性能，在天线设计中有着特殊的作用，可以作为辐射波导[20]、馈电方式[21]、背腔及口径[22]等。下面对几种典型的基于 SIW 的新型天线形式做一个简要的介绍。

1.2.1 SIW 缝隙天线（阵列）

在高性能雷达系统中，需要低副瓣天线对抗有源干扰、反雷达导弹和低姿态攻击。波导纵向缝隙阵列因其高增益、高效率和对孔径分布的精确控制能力成为低副瓣应用的绝佳候选者。然而，传统的金属波导具有尺寸和重量大、成本高、难以精确制造及进行大规模生产等缺点。作为一种新的导波结构，SIW[22] 结合了平面和非平面波导的优点，可以用普通的 PCB 工艺制造，因此具有低剖面、结构紧凑、低成本、易于制造及易于与其他平板电路集成的优点，得到了广泛的关注和研究。

2005 年，Yan 和 Hong 等人利用等效模型和传统波导缝隙阵列设计方法，首次设计了一个 4×4 单元的 SIW 宽边纵缝阵列天线[23]，如图 1.1(a) 所示。2009 年 Xu 等人使用辐射单元表征、线性阵列合成及馈电网络平面阵列的设计方法，首次验证了 16 × 16 单元基于 SIW 的低副瓣纵向缝隙阵列天线，副瓣电平（Sidelobe Level, SLL）在 E 平面和 H 平面均低于 -23 dB[24]。2012 年，Cheng 和 Hong 等人在 Ka 波段的工作基础上，实现了 W 波段单元脉冲缝隙阵[25]。2013 年，Cheng 等人对 SIW 纵向缝隙阵列在共形天线中的应用进行了探索，设计了一款中心频率为 35 GHz 的 8×8 阵列，并且安装在半径为 20 mm 的圆柱面上，实现 -27.4 dB 的 SLL 和 -41.7 dB 的交叉极化[26]，如图 1.1(b) 所示。文献 [27] 用两种宽带馈电单元组成的 4×4 SIW 缝隙阵列，利用 SIW 的高阶模特性，减少了金属通孔的数目，提高了天线的口径效率同时简化了天线结构。

随着 SIW 缝隙天线阵列研究的深入，宽边纵缝天线在波束控制方面也显示出了独特的优势。文献 [28] 介绍了一种基于波纹基片集成波导（Corrugated Substrate Integrated Waveguide, CSIW）的新型电控漏波天线，该天线具有固定频率的波束可控能力，如图 1.1(c) 所示。2019 年，Ranjan 等人提出了一种具有宽波束扫描的基片集成波导漏波天线，天线单元由一个纵向缝隙和一个相对于中心线偏移放置的金属探针组成。通过在每个单元相邻缝隙中引入感应电感，可以抑制开路阻带，从而实现连续的波束扫描[29]。同年，Yan 等人提出了一种具有低副瓣电平的双层 SIW 多波束天线，如图 1.1(d) 所示，准抛物面反射器和金属匹配通孔的引入进一步降低了天线的副瓣电平，所提出的天线在 28 GHz 频段工作，所有波束的 SLL 均低于 -12 dB[30]。文献 [31] 提出了一种实现波束倾斜功能的 SIW 天线，通过在每个纵向缝隙侧面加载双共面馈电缝隙调节相位，避免额外加载移相网络，降低了天线损耗。2021 年，Wu 等人提出了一种基于 SIW 缝隙阵列天线生成横向线性极化贝塞尔波束的方法。通过对缝隙的偏移量及梳状分隔器内的金属化通孔进行调制，生成所需的幅度分布，率先实现了通过平面阵列天线生成横向线极化贝塞尔波束的设计[32]。

1.2.2 SIW 背腔天线

传统的背腔天线和阵列具有良好的辐射性能，因为高增益、单向辐射模式及

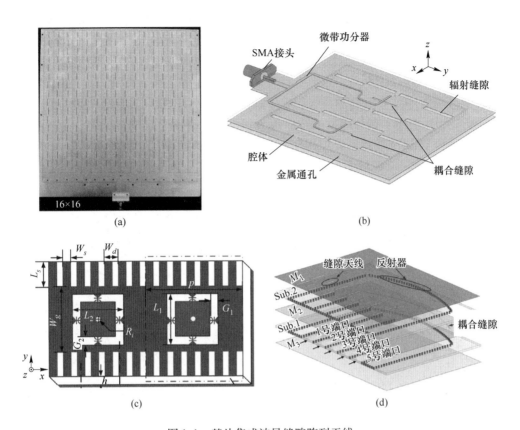

图 1.1 基片集成波导缝隙阵列天线

(a) 文献［23］的天线结构；(b) 文献［26］的天线结构；(c) 文献［28］的天线结构；

(d) 文献［30］的天线结构

天线元件之间较低的互耦等优势，在雷达和卫星应用中得到广泛研究和使用。然而，传统的金属背腔天线体积庞大且制造烦琐，不适合与现代无线通信系统集成。SIW 的出现使得实现平面结构的波导导波结构成为可能[33-37]，基于 SIW 的背腔缝隙天线因其重量轻、低剖面、成本制造低和易于与平面技术集成等突出特点而备受关注[37]。

2008 年，Luo 等人提出了一种新型低剖面背腔平面缝隙天线的设计方法。包括背腔和馈电元件在内的整个天线构建在单层介质板上，凸显了低剖面、低成本和易于集成的优势[33]，如图 1.2(a) 所示。Bohórquez 等人研究出一种尺寸缩减的 SIW 背腔缝隙天线，使用曲折缝隙作为辐射元件，在一定程度上实现小型化设计[34]。文献［35］提出了一种由 SIW 背腔缝隙天线组成的可调谐有源天线，采用狗骨形缝隙作为辐射元件。然而这些天线基本上以单一频率谐振，只能在较窄的频带内工作。2012 年，Luo 等人提出了一种低剖面 SIW 背腔缝隙天线的带宽增强设计思路[36]，通过在 SIW 腔中同时激发两个混合模式并将它们合并到所需的频率范围内来实现带宽增强，与文献［33］相比，阻抗带宽从 1.4% 提高到 6.3%，其增益和辐射效率也略有提高。2014 年，Mukherjee 等人将领结形缝隙引入 SIW 腔中，获得了 9.4% 的带宽性能。领结形结构不仅展宽了天线的工作带宽，同时也为 SIW 背腔缝隙天线引入了新的谐振频点，实现多频带辐射特性[37]。如图 1.2(b) 所示，2018 年，Kumar 等人提出了一种用于双频工作的 SIW 背腔缝隙天线[38]，双层准领结形缝隙用于辐射，该天线的谐振频率为 8.6 GHz 和 13.3 GHz，覆盖 X 和 Ku 波段。

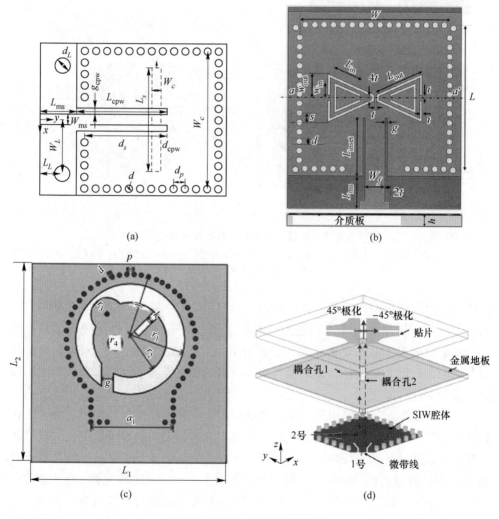

图 1.2　基片集成波导背腔天线
（a）背腔加载式；（b）双层准领结形缝隙；（c）圆极化整流天线；（d）双倾斜极化天线

与此同时，SIW 背腔天线在圆极化阵列设计中得到了广泛应用。2011 年，Kim 等人提出由共面波导馈电结构和 SIW 腔组成的圆极化天线。通过在圆形贴片和 SIW 馈电结构之间插入非对称金属通孔阵列，实现了阻抗带宽的增强[39]。2018 年，Yang 等人提出了一种用于 5.8 GHz 无线电力传输的具有谐波抑制功能的紧凑型圆极化整流天线[40]，SIW 背腔结构用以实现增益增强、单向辐射和表面波抑制。该天线具有重量轻、剖面低、适用于终端移动的无线能量传输系统等优点，其单元结构如图 1.2(c) 所示。同年，Xu 等人提出了应用于 Ka 波段的平面圆极化 SIW 堆叠贴片天线阵列，SIW 腔体作为馈电网络，激励辐射贴片层和寄生贴片层实现了阵列的性能的大幅提升[41]。2015 年，Li 等人提出了一款在60 GHz 频段工作、由 SIW 馈电网络馈电的大型 16×16 背腔孔径耦合微带贴片天线阵列，获得 15.3% 的阻抗带宽及 30.1 dBi 的峰值增益，推动了大型毫米波天线阵列的设计和评估[42]。2016 年，Guan 等人提出了一种基于 SIW 背腔缝隙的圆极化天线阵列，通过应用顺序旋转技术和线极化阵列元件实现圆极化设计。测试结果表明，16×16 阵列在 18.5～21.25 GHz 范围内轴比带宽为 13.8%，在20.5 GHz 时峰值增益为 25.9 dBic[43]。2021 年，Yang 等人提出了一种用于毫米波基站的新型双倾斜极化天线[1]，天线子阵如图 1.2(d) 所示，采用角馈 SIW 腔提高缝隙耦合天线的端口隔离度和交叉极化鉴别（Cross-polarization Discrimination，XPD），所设计的 2×8 阵列端口隔离度优于 20 dB，且具有孔径效率高、结构简单、低剖面等优点，天线阵列的增益和 XPD 在中心频率处的测量值分别为 16.7 dBi 和 25 dB。

1.2.3 小型化 SIW 天线

小型化始终是有限载体平台天线要解决的首要问题，天线必须采用有效的小型化设计才能适应较小的安装平台。对于微带天线，经典小型化设计方法包括使用叠层微带贴片、采用口径耦合方式馈电和高介电常数介质基板或寄生贴片等，但是上述方法同时伴随剖面升高、馈电网络复杂及高介电常数难以调谐等一系列问题，在一定程度上限制了天线小型化的发展。半模基片集成波导（Half-mode Substrate Integrated Waveguide，HMSIW）和四分之一模基片集成波导（Quarter-mode Substrate Integrated Waveguide，QMSIW）的出现出色解决了天线小型化的难题[1]。在经典的 HMSIW 中，开放的金属边缘等效为电壁，而其他的边缘则等效为磁壁，同理，QMSIW 是通过将 HMSIW 沿虚拟准磁壁二等分来实现的。与此同时，HMSIW 和 QMSIW 场分布与原始 SIW 的场分布几乎相同，可以最大程度保留原始 SIW 的场分布，此外 SIW 谐振腔四周的金属通孔可以有效抑制能量泄漏，成为小型化多单元阵列中阵元的优秀选择。

2013 年，Jin 等人提出了一款典型的 QMSIW 天线，以方形波导谐振器的四分之一尺寸为辐射体，实现了与原始 SIW 相同的场分布[44]。2016 年，Moscato 等人在对 QMSIW 腔表面电流及工作原理进行深入分析之后，提出了一款具有高选择性和小尺寸等突出优势的 QMSIW 滤波器[45]。2017 年，Chaturvedi 等人提出一种基于圆形谐振腔的 QMSIW 天线，通过刻蚀倾斜缝隙实现了高阶模 TM_{210} 和 TM_{020} 的耦合进一步提高工作带宽[46]。同年，Pal 等人[47] 提出了一种非传统波束可重构天线，利用分时信道实现 SIW 天线波束调控。2020 年，Sun 等人提出了一种紧凑型线极化 QMSIW 双频毫米波天线[48]，首次提出了共享金属通孔的思路，两个大小不等的 QMSIW 单元背靠背放置，进一步实现了阵列的小型化设计，天线单元结构如图 1.3（a）所示。2021 年，Elobied 等人提出了一种基于 HMSIW 的具有低互耦的双极化紧凑型 MIMO 天线[49]，所提出的 4 个 HMSIW 天线单元正交布置，同时在相邻单元之间引入中和线去耦结构，将互耦进一步降低 10 dB。同年，Iqbal 等人针对紧凑型射频（Radio Frequency，RF）前端，提出了一种基于紧凑型 QMSIW 的自四工天线[50]，分别工作在 2.45 GHz、3.5 GHz、4.9 GHz 和 5.4 GHz。如图 1.3（b）所示，所提出的天线具有较小的尺寸、高效率和高隔离度，可以作为射频前端理想的选择。

基于半模、四分之一模、八分之一模[51] 的紧凑型 SIW 天线已经得到了一定的开发，然而，由于这些模式的高品质因数（Quality factor，Q 值），所设计的天线通常伴随着带宽狭窄等问题。为了进一步拓展工作带宽，同时保持天线小型化的优势，研究人员利用多种模式组合实现了 SIW 天线宽频及多频的设计，提升了天线的实用价值。2017 年，Deckmyn 等人提出了一种新型宽带 SIW 天线结构[52]，由两个 QMSIW 和一个 HMSIW 组成，如图 1.3（c）所示，这种创新的结构结合了低剖面、宽带特性及低成本 PCB 工艺的兼容性，非常适合下一代高数据速率无线通信应用。2019 年，该课题组利用相似的原理，提出了一种新的双频带 SIW 天线阵列结构[53]，4 个小型 QMSIW 腔紧密耦合，产生模式分叉，从而得到 4 个不同的谐振频率，实现了在 28 GHz 和 38 GHz 两个频率范围设计。2020 年，Niu 等人提出了一种具有增强带宽和可控辐射零点的低剖面 SIW 天线[54]，4 个腔模包括基模（FM）、半模（HM）和两个四分之一模（QM），由电容耦合馈电盘激励。通过调整缝隙和圆盘的位置控制谐振频率。3 种辐射模式（即 HM 和两个 QM）用于增强天线带宽，而非辐射模式（即 FM）用于实现辐射零点，从而形成尖锐的上边带和高阻带抑制，天线的结构如图 1.3（d）所示。同年，受高阶工作机制的启发，Yang 等人提出了一种低剖面右旋圆极化 QMSIW 天线阵列[55]，4 个相同尺寸的 QMSIW 腔与中心贴片直接级联，实现了高增益和较低的宽边交叉极化。

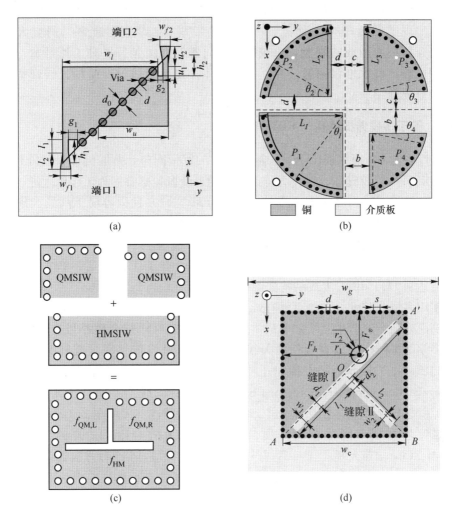

图 1.3 小型化 SIW 天线

（a）共享金属通孔；（b）四工天线；（c）多模式腔体；（d）宽带腔体

1.3 宽带基片集成波导天线研究现状

基片集成波导天线在微波和毫米波系统中显示出显著的优势，例如，易于与轻质和低剖面的平面电路集成[56]。然而，由于 SIW 腔的高 Q 特性，SIW 缝隙天线阻抗带宽非常窄，限制了其在宽带通信系统中的应用。研究人员提出了各种方法来拓宽带宽，典型的方法是多模谐振技术和高模谐振方法[57]。此外，在 SIW 馈电网络中引入短路通孔或是加载寄生阵列同样可以改善天线的阻抗匹配，通过调整谐振频点从而实现拓展带宽的目的[58]。此外，SIW 平面端射天线虽然实现了平面几何结构[59]，但代价是带宽窄、辐射性能弱。研究人员通过扩展介质板或加载印刷板、前端加载引向器等方法显著提升工作带宽，同时采取相位校正技术增强辐射性能。下面对几种典型的基于 SIW 的天线带宽拓展方法做简要介绍。

1.3.1　基于多模谐振的宽带 SIW 背腔天线

2017 年，Cai 等人提出了一种基于 SIW 的宽带四单元背腔缝隙天线阵列[60]，采用多层 SIW 背腔缝隙天线作为阵元，以相近谐振频率叠加为工作原理进一步拓展带宽，该天线阵列可实现 30% 以上的阻抗带宽，并且很容易扩展到大规模天线阵列，天线单元结构如图 1.4（a）所示。基于相似的多层背腔堆叠设计，2021 年，Wang 等人提出了一种具有多个高阶混合模式的 SIW 宽带高增益天线[61]，结合多种高阶混合模式，该天线具有 40.8% 的工作带宽，单个天线的最大增益达到 11.1 dBi，天线结构如图 1.4（b）所示。

使用多层背腔堆叠方法可以有效拓展 SIW 天线的工作带宽，但是同时会造成天线剖面升高、制造难度增加、成本提高等缺点。在单层介质基板上刻蚀缝隙，利用多模谐振同样可以有效拓展天线工作带宽，并且能够满足低剖面的设计要求。2016 年，Choubey 等人提出了一种基于 SIW 的背腔三角互补开口环缝隙（Triangular Complimentary Split Ring Slot，TCSRS）天线[62]，如图 1.4（c）所示，由缝隙引起 SIW 腔的多模谐振及 TCSRS 的多谐振特性，天线在 28 GHz 和 45 GHz 工作带宽均得到不同程度的拓展，分别实现 16.67% 和 22.2% 的阻抗带宽。2019 年，Cheng 等人提出了一种基于 SIW 技术的改进哑铃形背腔缝隙天线[63]，如图 1.4（d）所示，改进的哑铃缝隙引入了几个新的谐振点，腔内的高阶谐振模（TE_{102}、TE_{301}、TE_{302}）由接地共面波导馈电结构所激励，通过使高阶模相互靠近可以实现较宽的阻抗带宽。结果表明天线在 18.2 ~ 23.8 GHz 范围内实现了 26.7% 的阻抗带宽，在 20.4 GHz 处实现了 9.5 dBi 的峰值增益。同时也注意到，天线在高频处增益下降明显，虽然使用多模谐振可以有效拓展工作带宽，但是也需要关注和解决如何维持增益的稳定性这一问题。2021 年，Yin 等人针对多模谐振造成高频增益陡降的现象，提出了一种结构紧凑的宽带单层 SIW 滤波缝隙天线[64]，通过在腔体正面刻蚀辐射缝隙从而使通带的较高边缘处产生辐射零点，同时腔体背面蚀刻出两个 U 形槽从而在通带的低边缘得到辐射零点，引入改进的半 TE_{110} 模式拓宽了天线的带宽，该天线具有结构简单、带宽宽、体积小等特点，满足了射频器件日益增长的小型化和集成化要求。

此外，在谐振腔中引入短路探针结构，可以调节阻抗匹配进一步拓展天线的工作带宽。2017 年，Shi 等人提出了一种使用短路探针的三谐振和四谐振 SIW 背

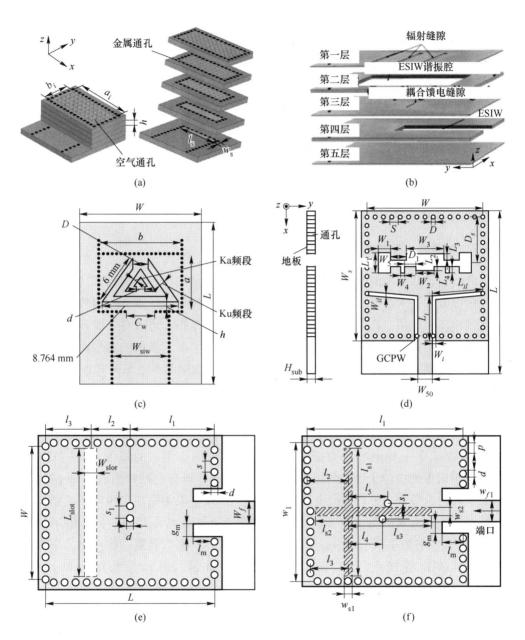

图 1.4　基于多模谐振的宽带 SIW 背腔天线

（a）多层堆叠；（b）空腔堆叠；（c）互补开口环缝隙加载；（d）哑铃形缝隙加载；

（e）短路探针加载；（f）双短路探针加载

腔缝隙天线[65]，如图 1.4（e）所示。对于三谐振天线，伴随短路探针的加载，SIW 腔中的最低模式向上移动并与两个更高阶模式耦合从而实现频率的进一步拓展，基于类似原理，研究了具有更宽带宽的四谐振天线。测量结果表明，三谐振和四谐振天线的阻抗带宽分别为 15.2% 和 17.5%。工作频带内天线表现出平坦的增益及稳定的辐射模式。2019 年，Wu 等人针对宽带应用提出了两种类型的 SIW 背腔缝隙天线[66]。首先，利用十字缝隙和不平衡短路探针，提出了一种四谐振 SIW 背腔缝隙天线，额外的半 TE_{120} 模式与其他 3 种独立模式一起实现激励，用来拓宽工作带宽。其次，基于类似原理，通过加载两对短路探针，引入由半 TE_{210} 和半 TE_{120} 模式组成的另外两种混合模式及其他 3 种独立模式，设计了一种五谐振 SIW 背腔缝隙天线。测量结果表明两种天线分别实现了 20.0% 和 20.8% 的工作带宽，反映出短路探针对于 SIW 背腔天线带宽拓展设计的有效性，天线的结构如图 1.4(f) 所示。

1.3.2　加载寄生贴片的 SIW 缝隙阵列

SIW 因其低剖面的平板结构同时具有低损耗等优点，近年来已成功用于设计高性能微波和毫米波器件。然而，SIW 缝隙阵列天线的阻抗带宽相对较窄，不利于大规模阵列应用。作为经典的设计方法，加载寄生贴片可以有效提升 SIW 缝隙阵列的工作带宽。2015 年，Wu 等人提出了一种工作在 V 波段的宽带高增益高效混合 SIW 缝隙阵列天线[67]，如图 1.5(a) 所示，由微带线、SIW 和波导构建的馈电网络激励宽带特性的微带子阵列，混合 SIW 馈电结构经过优化，可同时实现高效率、低成本和紧凑设计。测量结果表明，阵列工作带宽为 14.6%，带内峰值增益 34.6 dBi，最大总辐射效率为 51%，能够有效应用于卫星间通信。2019 年，Xu 等人提出了一种由堆叠微带贴片和 SIW 馈电结构组成的宽带 4×4 阵列天线[1]，辐射单元由位于顶层的矩形贴片和周围的 U 形寄生贴片组成，每个 2×2 辐射子阵列由微带功分器通过金属化通孔馈电。堆叠微带贴片和 SIW 馈电结构共同拓展了阵列天线的阻抗带宽，结果显示阵列阻抗带宽为 17.7%，峰值增益为 16.4 dBi，辐射效率高于 80%。所提出的阵列天线具有带宽宽、体积小、集成能力强、成本低等优点，是 5G、卫星通信等 Ka 波段无线应用的良好选择。2021 年，Hu 等人研究了一种基于 SIW 馈电结构的毫米波宽带滤波天线[68]，如图 1.5(b)所示，通过利用缝隙耦合馈电和差分 L 形探头馈电结构的组合，获得了宽阻抗带宽、低剖面和良好的滤波响应特性。实验结果表明，该滤波阵列具有 29% 的阻抗带宽、18.5 dBi 的增益及 23 dB 的带外抑制水平，在 5G 毫米波通信应用中显示出巨大的潜力。

与线极化天线相比，圆极化天线可以降低多径损耗和极化失配特性，提高通信信道的稳定性。因此，圆极化天线设计一直是研究的热点[69-71]。其中，磁电偶极子天线因其出色的互补电磁性能广受欢迎。2016 年，Li 等人提出了一种孔径

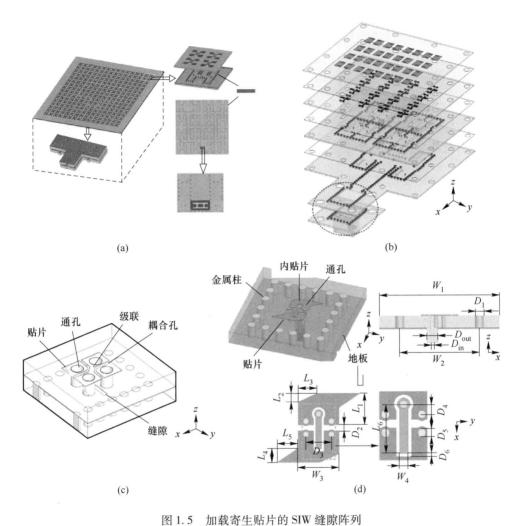

图 1.5　加载寄生贴片的 SIW 缝隙阵列

（a）混合 SIW 缝隙阵列；（b）多馈点组合宽带滤波天线；（c）孔径耦合磁电偶极子阵列；
（d）紧凑型磁电偶极子阵列

耦合磁电偶极子圆极化天线阵列[69]，如图 1.5（c）所示，磁电偶极子单元由金属
条连接位于对角位置的两个贴片，用以激励两个幅度相同且相位差为 90°的正交
模式，具有良好的轴比带宽和稳定的单向辐射模式，所设计的 8×8 高增益宽带
平面天线阵列实现了 18.2% 的阻抗带宽和 16.5% 的轴比带宽。此外，由于使用
了低插入损耗的 SIW 馈电网络，实现了高增益和良好的辐射效率。2020 年，
Feng 等人提出了一种紧凑型宽带圆极化磁电偶极子天线阵列[70]，如图 1.5（d）
所示，旋转对称的闪电形磁电偶极子天线单元用于形成圆极化辐射。顺序旋转
SIW 结构馈电网络进一步提高了 4×4 天线阵列的圆极化轴比带宽，测量结果表

明，所提出的天线阵列可以实现 27.7% 的阻抗带宽和 27.8% 的轴比带宽，成为未来 5G 毫米波通信的良好选择。2021 年，Zhu 等人提出了一种加载切角寄生贴片的低剖面宽带圆极化磁电偶极子天线[71]，两种类型的切角寄生贴片围绕旋转对称的 L 形偶极子放置，以增强阻抗和轴比带宽，同时使用顺序旋转馈电的 SIW 馈电网络进一步提高轴比带宽。测量表明，所提出的阵列可以实现 27.7% 的阻抗带宽、28.5% 的轴比带宽和 17.85 dBic 的峰值增益。该设计方案将广泛适用于 5G 毫米波通信和卫星通信系统。

1.3.3　带宽拓展的端射阵天线

由于平面结构、制造简单、易于与其他平面电路集成等优点，SIW 平面喇叭天线在过去几年得到了很多应用。但是由于喇叭天线内部的介质板与喇叭孔径处的自由空间不匹配，从而导致天线的工作频带较窄，限制了其实际应用和发展。2014 年，Cai 等人提出了一种用于提升带宽的平面 SIW 喇叭天线[72]，如图 1.6(a) 所示，通过加载打穿介质板的气孔，并且调整通孔直径来实现不同的有效介电常数，实现基板到空气的平滑过渡而改善了阻抗匹配，从而提升天线的阻抗带宽。实测结果表明，该天线在 16～24 GHz 范围内实现了 40% 的阻抗带宽，同时在整个工作频带上表现出稳定的远场辐射模式。2019 年 Ghosh 等人提出了一种基于 SIW 的具有改进增益和带宽的 H 面喇叭天线[73]，如图 1.6(b) 所示，天线由双层介质板构成。通过在两个介质板之间引入空气层降低有效介电常数来增加增益。此外，与文献［72］原理相似，空气通孔被周期性地结合到扩展的电介质板中以提高带宽，而带有喇叭孔的金属柱则成功地解决了阻抗失配问题，稳定的定向辐射模式和可接受的增益及带宽，使该天线在 H 面喇叭天线领域受到了广泛关注。

超构表面已被证明可以在许多方面操纵电磁响应，因此可以合理地预期通过引入适当的超构表面来解决 SIW 端射天线阵的孔径匹配问题。2018 年，Li 等人提出了一种利用 SIW 馈电和超构表面的宽带端射天线阵列[74]，如图 1.6(c) 所示。每个超构表面由 3×3 矩形贴片组成，印刷在单层介质板的正反两个表面上，天线在超构表面的一侧由一个开放式 SIW 馈电，用于实现宽带端射辐射。测量结果表明，天线阵列实现 37% 的阻抗带宽及 13.8 dBi 的峰值增益。2021 年，Wang 等人提出了一种平面多波束 SIW 喇叭天线阵列[75]，如图 1.6(d) 所示。12 个隔离度较高的 SIW 喇叭单元产生 12 个独立的辐射波束，相邻波束在半功率波束宽度相互重叠，可覆盖 360° 方位角范围。径向的锥形三角条起到改善阻抗匹配和前后比的作用，该天线阵列具有低剖面、结构紧凑、加工成本低等优势，在波束切换、MIMO 和全向系统中有着广泛的应用前景。

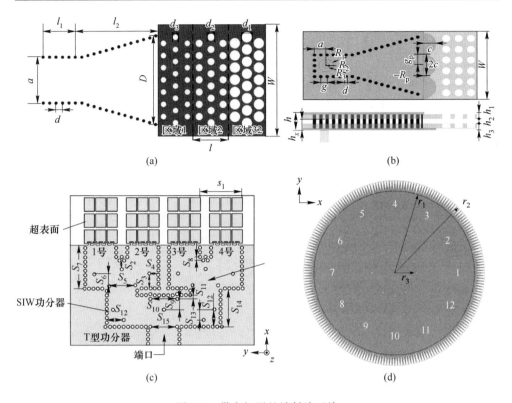

图 1.6 带宽拓展的端射阵天线

（a）加载周期气孔；（b）双层介质板加载均匀气孔；（c）加载超构表面；（d）加载锥形三角条

1.4 基于超构表面的基片集成波导天线研究现状

各种超构表面天线已被提出用于小型化、宽带、极化转换或波束调制应用，通过引入额外的超构表面模式，有望实现天线各项性能的提升[76-78]。基于超构表面的 SIW 天线研究也涉及宽带[79-80]、双频/多频[81]、高增益[82]、圆极化[83]、双极化[84]、波束调制[85]、共模抑制[86]、抑制交叉极化[87-88]等多个领域。随着 5G 通信毫米波段时代的到来，多功能的基片集成波导天线（如宽带、圆极化、高增益、多频等）必将迎来广阔前景。

1.4.1 宽带/多频实现

2017 年，陈志宁教授等人介绍了基于超构表面的低剖面和宽带天线的最新进展[89]。超构表面结构的丰富色散特性为设计新型天线开辟了可能性，通过充分探索这种超构材料或超构表面天线的特性，有望实现更多高性能天线设计。2019 年，Li 等人提出了具有非均匀激励的基片集成波导馈电的超构表面天线阵列[90]，用于实现 Ka 波段的宽带特性和降低副瓣电平，同时作者将特征模式分析法应用于超构表面天线的模式校正和孔径共享设计中。结果显示该天线获得了 35.3%（28～40 GHz）的阻抗带宽及 – 12.1 dB 的副瓣电平。天线结构如图 1.7(a) 所示。同年，Wang 等人提出使用棱镜的弱色散 SIW 漏波天线[1]，所提出的漏波天线对于特定方向 $\varphi = 31°$ 具有超过 20% 的频率带宽，克服了斜视效应的传统问题。

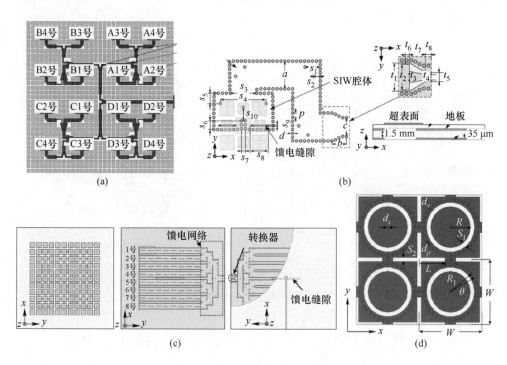

图 1.7　基于超构表面的宽带/多频 SIW 天线

(a) 宽带天线阵列；(b) 双频带阵列；(c) 共享孔径双频天线阵列；(d) 加载 FSS 的 SIW 阵列

　　2018 年，Li 等人提出了一款具有双频特性的超构表面天线[91]，3×3 的方形贴片阵列设计在单层基板上，具有 Y 形枝节的 SIW 对多阻抗谐振超构表面进行馈电，工作频段覆盖 5G 通信的 28 GHz 和 38 GHz，图 1.7(b) 给出了天线的结构示意图。同年，该课题组提出了一种基于超构表面的 S/K 波段共享孔径天线[92]，如图 1.7(c) 所示，顶层的超构表面在 S 波段和 K 波段具有不同特性，支持天线单独工作而不相互作用，实现频率选择功能。8×8 的 SIW 缝隙阵列设计在超构表面下方激励超构表面实现双频段工作性能。2020 年，Kanth 等人基于 SIW 腔体技术提出了一种混合频率选择表面（Frequency Selective Surface，FSS）的设计[93]，如图 1.7(d) 所示，刻蚀圆形缝隙的圆形腔和一个刻蚀十字形缝隙的菱形腔共享单元的相邻通孔，从而实现双频带的设计。

1.4.2 增益性能提升

2018 年，Yang 等人提出了一种基于超构表面的新型 SIW 天线[94]，由 4 个 4×4 的单元组成，并采用 SIW 结构代替传统的缝隙耦合馈电结构，避免了功分网络增加天线设计难度及带来的传输损耗等问题。在此基础上，作者引入补偿边界概念，通过对边界单元不规则化，改善天线表面电流分布达到提高增益的目的，经过优化的超构表面天线增益提高约 1.5 dB，天线子阵结构如图 1.8(a) 所示。2019 年，Li 等人提出了一种在 Q 波段工作的多层宽带圆极化切角贴片超构表面天线阵列[95]。该阵列由 4 个 2×2 贴片子阵、1 个超构表面结构和 1 个 H 形 SIW 功分器组成，如图 1.8(b) 所示。每个 2×2 贴片子阵列充当圆极化辐射元件，由使用顺序旋转技术的紧凑型并联馈电微带功分器馈电。测量表明，阵列在 45 GHz 附近实现了 32% 的带宽、25.8% 的 3 dB 轴比带宽、27.6% 的 3 dB 增益带宽和 18.2 dBic 的峰值增益，在 Q 波段无线通信系统中具有广阔的应用前景。2020 年，Zhang 等人提出了一种由平面 SIW 馈电的偶极子宽带高增益圆极化阵列[96]。通过孔径耦合进行差分馈电，实现了良好的圆极化辐射。由 SIW 组成馈电网络同相激励 64 个偶极子单元，构建并研究了平面宽带高效 8×8 圆极化阵列。测量结果表明，该阵列实现了 27.6% 的工作带宽、25.2 dBic 的高天线增益和 89.9% 的高孔径效率，可以作为毫米波宽带应用的良好候选者。

在基于超构表面的高增益 SIW 天线的研究中，SIW 不仅应用于馈电网络的设计，同时作为主辐射体参与了增益特性的提升与改善。2020 年 Liang 等人提出了一种用于端射的低剖面平面表面波天线[97]，表面波结构从 SIW 表面波天线发展而来，天线顶部引入了超构表面以减小轮廓。测量结果表明，该天线 3 dB 增益带宽为 32%，在 9.6 ~ 13.6 GHz 的工作频段内轴向增益变化范围为 12.3 ~ 15.3 dBi，具有低剖面的平面结构，同时具备高增益、垂直极化和端射方向的窄波束等特点。2021 年，Lian 等人提出了一种高增益宽带多波束阵列天线的设计思路[98]，首先，使用 SIW 技术设计罗特曼透镜，然后将平行馈电的缝隙天线阵列连接到罗特曼透镜以产生多个波束。其次，以宽带双层惠斯单元设计超构表面作为覆盖层，增加多波束阵列天线的增益，这样的结构可以在不牺牲带宽的情况下有效提高多波束阵列天线的增益，天线的整体结构如图 1.8(c) 所示。同年，Cao 等人提出了一种基于龙伯（Luneburg）透镜的多波束天线[99]，由平面 Luneburg 透镜波束合成网络（Beamforming Network，BFN）和 SIW 漏波天线（LWA）阵列组成，LWA 阵列堆叠在 BFN 的顶部以实现小型化，低成本、低剖面、高效率、高孔径效率和无源波束扫描能力使其成为通信和雷达应用的非常有前途的解决方案。超构表面作为一项工程创新，不仅能够单一完成拓展工作带宽、提升增益、极化转换等天线性能的改善，同时还可以促进天线多参数性能的

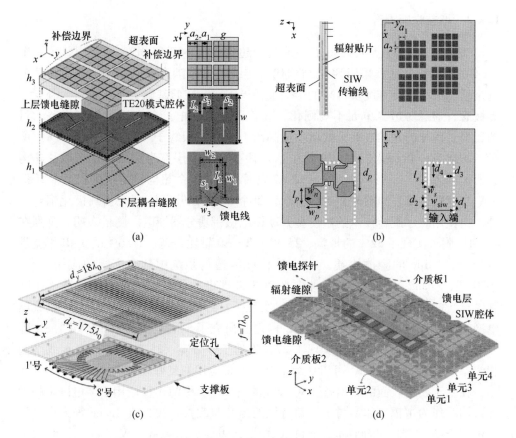

图 1.8　基于超构表面的高增益 SIW 天线

（a）补偿边界提升增益；（b）圆极化高增益阵列；（c）多波束阵列天线；
（d）多功能 SIW 阵列

整体跃升，实现多功能天线设计。2021 年，Cheng 等人提出了一种增强带宽、广角扫描和宽带低 RCS 的缝隙相控阵[100]，如图 1.8（d）所示，一方面，设计了双模谐振的 SIW 背腔缝隙天线作为阵列主辐射体增强阻抗带宽。另一方面设计并采用编码超构表面来提高阵列增益并降低后向 RCS。缝隙相控阵的反射、辐射和散射性能都得到了改善，并为多功能天线设计提供了良好的选择。

1.4.3　辐射波束调控

2018 年，Li 等人提出了一种利用超构表面来实现天线波束调控的方法[101]。如图 1.9（a）所示，该天线在一个 1×10 的 SIW 缝隙阵天线基础上，集成了按一定规律排列的耶路撒冷十字单元构成的超构表面。结果表明，在 34.25 ～ 35.75 GHz 之间，天线的波束方向在 29.3°±10°范围内，实现了对辐射方向的调控，具有低剖面、结构简单、设计灵活等优点。同年，Hu 等人提出并构建了一种用于 MIMO 无线通信的毫米波多波束折叠反射阵天线[102]，SIW 串联馈电的孔径耦合矩形贴片天线阵列作为主辐射源，与超构表面反射阵列集成在同一基板中。测量结果表明，19 个高增益波束实现了 ±30° 的覆盖范围，将成为毫米波 5G 大规模 MIMO 应用的潜在候选者。2021 年，Yurduseven 等人提出了一种在 94 GHz 工作的基于硅（Si）-砷化镓（GaAs）半导体的全息超构表面天线[103]，天线结构如图 1.9（b）所示。超构表面天线以全息方式提供波束合成和波束控制，并由 3 个 SIW 结构集成喇叭进行馈电。通过数值和实验证明，所提出的超构表面天线可以通过在其输入端口之间简单的切换来控制其辐射方向图，且具有低

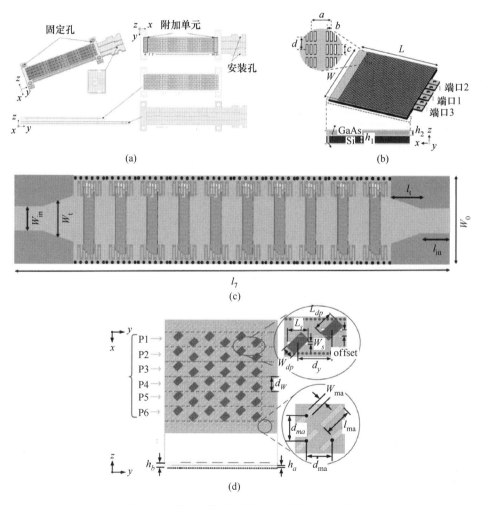

图 1.9　基于超构表面的 SIW 天线波束调控

（a）波束偏折；（b）多波束实现；（c）频扫漏波天线；（d）圆极化波束扫描

剖面特性, 适用于受空气动力学约束的机载平台。

基于超构表面的 SIW 天线不仅能够实现多波束和波束指向的调控, 同时也在波束扫描的实现上占据一席之地。2017 年, Wu 等人提出了一种基于 QMSIW 的超构材料结构实现连续波束扫描特性的漏波天线[104], 测量结果表明, 天线在 8.9 ~ 11.8 GHz 的工作频率范围内实现了从向后 −43°到向前 +32°的连续波束扫描特性, 并且增益保持在 10 dBi 以上。2021 年, Agarwal 等人基于混合左/右手 (Composite Right/Left Handed, CRLH) 传输线概念, 提出了一种基于 CRLH-SIW 结构的宽带圆极化漏波天线[105], 由 SIW 顶部的周期性 H 形交指缝隙和接地平面上的圆形缝隙组成, 天线在 7.6 ~ 10.6 GHz 的频率范围内实现了从向后 −38°到向前 +71°的连续波束扫描特性, 同时在 8.3 ~ 10.6 GHz 的频率范围内保持良好的圆极化特性, 天线的结构如图 1.9(c) 所示。2022 年, Yang 等人提出了一种由 SIW 缝隙天线阵列和新型偏振器组成的毫米波广角扫描圆极化天线阵列[106], 在 27.9 ~ 28.4 GHz 频率范围内可实现 −60° ~ 60°的圆极化波束扫描。通过所提出的混合偏振器将线极化 SIW 缝隙天线阵列转换为圆极化天线阵列, 同时混合偏振器具有互补扫描角度的特性, 可以赋予圆极化天线阵列在大角度扫描范围稳定的圆极化性能, 可用于毫米波基站、船舶通信等通信系统, 相关结构示意图如图 1.9(d) 所示。

1.5　天线阵耦合抑制技术的研究现状

面对 5G 在传输速率和系统容量方面的高要求, 天线数量会越来越多。然而, MIMO 阵元之间的相互耦合是干扰天线辐射的重要障碍之一。此外, 隔离度会影响天线的辐射效率、干扰信噪比、天线增益等指标。由于近场效应的存在和表面波的相互作用, 相互耦合会导致一系列严重问题, 如阻抗失配、辐射失真、旁瓣电平增强和存在扫描盲区等。因此, 需要降低相互耦合, 改善甚至提高天线阵元性能。根据采用的抑制结构的工作机制, 耦合抑制方法可以划分为空间耦合抑制方法和网络耦合抑制方法。

1.5.1　空间耦合抑制方法

空间耦合抑制方法利用的是解耦结构在电磁波空间传输路径中进行阻断、反射或抵消, 实现有效抑制空间波和表面波的方法。根据耦合抑制结构属性的不同, 空间耦合抑制方法可以分为人工电磁材料法、地缝 (槽) 法和谐振 (寄生) 结构法等。

1.5.1.1　人工电磁材料法

人工电磁材料也可称为超构材料、人工电磁媒质、异向介质, 不是自然界存在而是由人工制造的具有某种电响应或磁响应的材料[9]，其尺寸远小于工作波长，且可实现对等效的相对介电常数和磁导率任意调控[1]。利用人工电磁材料的某些特性，可以有效实现阵列中的互耦抑制。

频率选择表面（Frequency Selective Surface，FSS）是一种空间滤波结构，由金属贴片单元或孔径单元组成，分别具有带阻或带通滤波特性[107]，利用其带阻特性并排布于天线阵元之间可实现良好隔离[108-109]，或利用其带通特性覆层排布来引导天线辐射而提高隔离度[110-112]。如图 1.10(a) 所示，Karimian 等人运用带阻 FSS 将在 57 ~ 63 GHz 频段内工作的介质谐振天线阵的耦合抑制在 – 30 dB 以下[108]。如图 1.10(b) 所示，Qian 等人运用基于石墨烯的带阻 FSS 解耦介质谐振天线阵，互耦平均减小了 7 dB[109]。如图 1.10(c) 所示，Akbari 等人运用具有圆极化特性的带通 FSS 解耦二元圆极化贴片天线，带内的隔离度平均提升了10 dB[110]。此外，还可以利用带通 FSS 隔离双频带之间的耦合，Zhu 等人将FSS 置于上下排布的两组基站天线之间，FSS 分别充当两个频带的容性加载和地板，同时可以解耦两个频段[111]，进一步提出一款栅格型 FSS 将双频带之间的耦合从 – 14 dB 降至 – 35 dB[112]，如图 1.10(d) 所示。因此，FSS 能够有效减弱同频或异频天线阵之间的耦合，但同样存在尺寸大、易增大天线阵剖面和口径的问题。

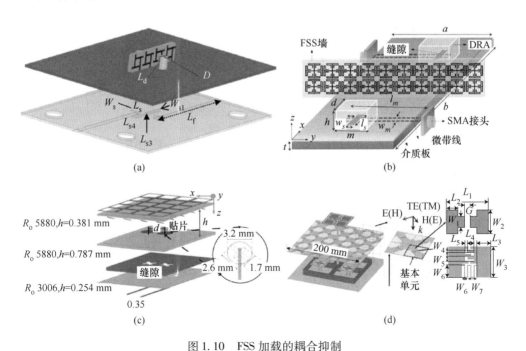

图 1.10　FSS 加载的耦合抑制

（a）带阻 FSS；（b）石墨烯带阻 FSS；（c）带通 FSS；（d）双频带解耦

超构材料和超构表面利用其奇异的电磁响应可以实现天线阵的耦合抑制，如单负特性[113-117]、吸波特性[120]、极化转换特性等。Bait-Suwailam 等人率先将磁负超构材料应用至二元高剖面单极子中，使阵元间的耦合下降了 25 dB[113]。如图 1.11(a) 所示，Yang 等人设计了一款波导磁负超构材料解耦二元 H 面微带天线阵，使得带内的耦合至少降低了 6 dB[114]。Wang 等人采用由方形开口谐振环（Split Ring Resonator，SRR）级联而成的超构表面覆层排布，将二元微带天线之间的隔离度提升了 19 dB[115]，并采用类似的方法设计了圆形 SRR 超构表面进行解耦[117]，如图 1.11(b) 所示。同时 Si 等人将双层磁负超构表面应用至宽带天

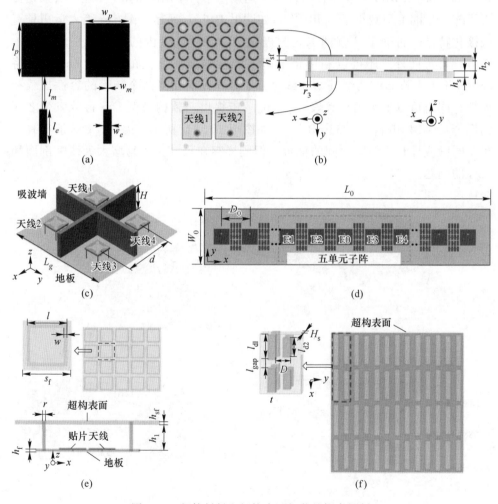

图 1.11   超构材料和超构表面加载的耦合抑制
(a) 波导磁负超构材料；(b) 双层磁负超构表面；(c) 双层超构材料吸波器；
(d) 极化转换隔离器；(e) E/H 面解耦；(f) 双频解耦

线阵的耦合抑制中，在 22.3% 的带宽内隔离度均高于 15 dB[116]。如图 1.11(c) 所示，Zhang 等人运用双层超构材料吸波器解耦四元圆极化微带天线，在保持良好的轴比性能的同时，互耦降低了 11 dB[118]。Xu 等人运用 SRR 吸波器解耦 E 面对跖 Vivaldi 天线阵，实现了 1.4 ~ 10 GHz 内的解耦[119]，并运用双向吸波超构表面对平面八木天线阵进行耦合抑制，谐振点处的耦合下降了 28 dB[120]。Cheng 等人设计了一款极化转换隔离器调控耦合场，实现了微带天线之间的隔离[121]，并进一步运用至一维 16 元的线阵中，如图 1.11(d) 所示，使得阵列能够在 ±72° 的范围内扫描[122]。此外，如图 1.11(e) 所示，Luan 等人运用介电常数和磁导率乘积为 3 的超构表面分别实现了 E 面和 H 面二元阵的耦合抑制[123]。如图 1.11(f) 所示，Liu 等人应用双条带超构表面解耦双频 H 面贴片天线阵，在 2.5 ~ 2.7 GHz 和 3.4 ~ 3.6 GHz 处隔离度均高于 25 dB[124]。因此，超构材料和超构表面可以用于不同阵列环境下的耦合抑制，且有望用于宽带和宽角扫描阵列。

1.5.1.2　地缝（槽）法

在天线阵元间的地板上蚀刻缝隙或槽是一种简单且高效的空间耦合抑制方法，通过阻碍电流的传输来抑制表面波从而降低互耦。所蚀刻的缝隙或槽的长度、位置、形状和个数对阵元间的耦合均会产生较大的影响。如图 1.12(a) 所示，Chiu 等人通过在倒 F 天线阵、单极子阵和贴片天线阵之间的地板上蚀刻不等个数的槽，均有效减弱了互耦[125]。同样地，Sonkki 等人和 OuYang 等人也分别在单极子阵和微带阵之间引入半波槽，实现了解耦[126-127]。

此外，槽对解耦宽带天线阵也有效。Nurhayati 等人在 Vivaldi 天线阵元上蚀刻波纹形边缘槽，将 2 ~ 10 GHz 内耦合降至 - 20 dB 以下[128]。Zhu 等人在对跖 Vivaldi 天线阵的共地馈电结构上加载不等长度的槽，并在边缘蚀刻弧形槽，将 24.75 ~ 28.35 GHz 内的耦合减弱了 4.8 ~ 26.2 dB[129]，如图 1.12(b) 所示。缺陷地结构（Defected Ground Structure，DGS）[130-132] 也是一种常用的地缝形式。如图 1.12(c) 所示，Bait-Suwailam 等人通过在二元微带贴片天线阵之间的地板上蚀刻互补 SRR，获得了 10 dB 的隔离度提升[130]。Wei 等人将分形 DGS 级联，利用其带阻滤波特性使天线阵的耦合下降了 35 dB[131]。如图 1.12(d) 所示，Wang 等人在单极子阵间加入栅格型 DGS 并结合 L 形条带，使得天线阵在 3 ~ 11 GHz 范围内的耦合均在 - 25 dB 以下[131]。此外，Gao 等人通过新型的缝隙阵列 DGS 分别解耦了单一线极化、双极化和圆极化天线阵[132]，其中，圆极化形式的 DGS 如图 1.12(e) 所示。DGS 常被用来消除扫描盲点以改善扫描特性，Ghosh 等人将哑铃形 DGS 加载至 4×4 微带贴片天线阵中，在提升阵元间隔离度的同时有效消除了扫描盲点[133]。因此，地缝（槽）可以被用于多种形式、频段、极化的天线阵解耦，且结构简单、适用性强，但由于是在地板上蚀刻形状，易造成后向辐射增大的问题。

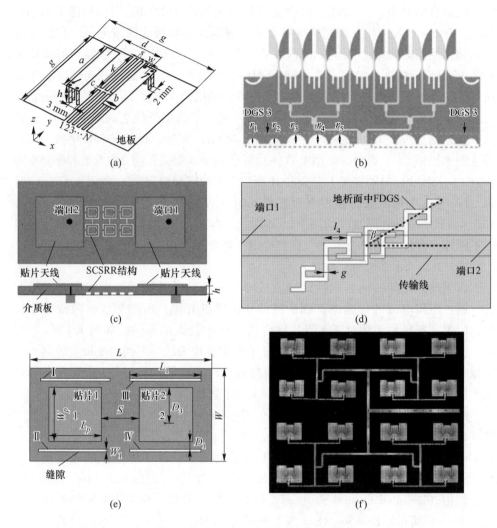

图 1.12　地缝（槽）加载的耦合抑制

（a）倒 F 天线阵；（b）对跖 Vivaldi 天线阵；（c）微带天线阵；（d）单极子阵；

（e）圆极化贴片天线阵；（f）扫描盲点消除

1.5.1.3　谐振（寄生）结构法

谐振或寄生结构通常利用其带阻特性影响电磁波的传输来降低耦合，具有结构简单且形式丰富的特点。一条微带线就可以实现阵元间的耦合抑制[134-135]，如图 1.13（a）所示，Farsi 等人使用一条 U 形微带线解耦二元微带贴片天线，阵元间的隔离度至少提升了 6 dB[134]，而 Maddio 等人同样运用一条弯折线解耦宽带双层贴片天线阵，使得在 19.6% 的带宽内互耦至少下降了 2.4 dB[135]。

通过改进微带线的形式至蜿蜒线[136-137]、交指线[138]或平行耦合线[139-140]，可

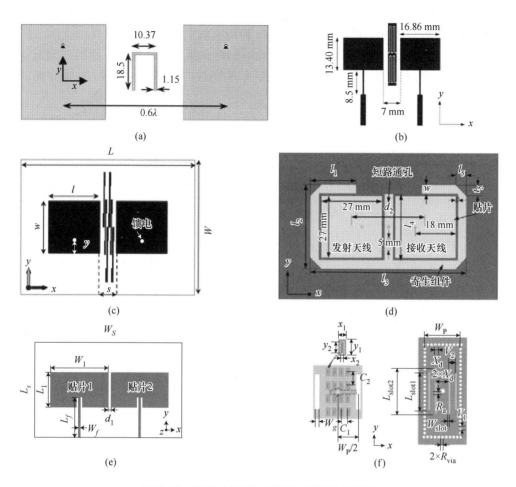

图 1.13 谐振（寄生）结构加载的耦合抑制

（a）U 形线；（b）缝隙型蜿蜒谐振器；（c）平行耦合谐振器；（d）W 形寄生结构；

（e）近场谐振器；（f）环形谐振器和对称槽

以实现更高效的耦合抑制。如图 1.13（b）所示，Alsath 等人通过缝隙型蜿蜒谐振器解耦二元 H 面贴片天线阵，阵元间的互耦降低了 16 dB[1]。Qi 等人引入 3 条交指线在相邻贴片上激发垂直极化模式来解耦，使得带内的隔离度均高于 20 dB[138]。如图 1.13（c）所示，Vishvaksenan 等人运用平行耦合谐振器将贴片天线阵的耦合降低了 12 ~ 26.2 dB[140]。当在阵元中间加入寄生单元时，通过合理的位置排布就可实现解耦[141-142]。Lau 等人通过在单极子阵间增加一个未激励的单极子，根据推导得到的电抗和容抗的计算公式进行设计，实现了高隔离度[141]。如图 1.13（d）所示，Wei 等人在贴片阵间加载 W 形寄生结构来提升隔离度和激发圆极化波，阵元间的耦合从 - 7 dB 下降至 - 50 dB[142]。此外，Li 等人设计了如图 1.13(e) 所示的近场谐振器，通过覆层放置于阵列上方，获得了 20 dB 以上的隔离度，且对 E 面、H 面阵列和宽带阵列均有效[143]。如图 1.13(f) 所示，Jin 等人在基片集成波导上增加环形谐振器和蚀刻对称槽来抵消耦合，使得阵列能够在 ±70° 的范围内扫描[144]。因此，采用简单的谐振/寄生结构就能实现阵元间的耦合抑制。

1.5.2　网络耦合抑制方法

网络耦合抑制方法是在天线阵元间引入新的电流路径来抵消原始耦合路径，或在天线自身结构上实现网络加载来抑制互耦，主要包括去耦网络法、中和线法和自解耦法等。

1.5.2.1　去耦网络法

基于去耦网络的解耦是最常用的网络耦合抑制方法，通过在阵元的馈线结构中加载附加路径使得其中的电流与耦合电流等幅反相来抑制耦合。去耦网络的形式多表现为 T 形网络、耦合谐振网络、定向耦合器网络、功分器网络和复合网络等。Chen 等人提出一款加载集总元件的双 T 形去耦网络，通过奇偶模分析设计过程，并运用到单极子阵的耦合抑制中[145]。而 Sui 等人仅用传输线实现 T 形去耦网络，通过级联 3 个枝节可以解耦双频倒 F 天线阵和单极子阵[146]，如图 1.14(a) 所示。Zhang 等人同样通过简单的 T 形网络来解耦 4×4 的双极化贴片天线阵，阵元间的耦合均被降至 −25 dB，且阵列能够在 ±45° 的范围内扫描[147]，如图 1.14(b) 所示。耦合谐振网络由 Zhao 等人率先提出，通过设计二阶网络应用于二元非对阵和对称锥形天线阵的解耦中，在 15% 的带宽内耦合降低了至少 10 dB[148]，如图 1.14(c) 所示，并推广至邻近频带[149]和双频天线阵[150]的耦合抑制中。定向耦合器网络是采用耦合器形式的结构及其设计原理来解耦的一种去耦网络。Volmer 等人将入射波本征模分解进行推导，以 180° 定向耦合器构成网络进行解耦，使得阵列达到 20 dB 以上的隔离度[151]。如图 1.14(d) 所示，Xia 等人通过加载定向耦合器网络至 1×16 的微带天线阵中，阵元间的耦合被减弱至 −35 dB，且阵列的最大扫描角达到 66°[152]。

同样地，功分器网络采用的是功分器的形式来构建去耦网络进行解耦。Li 等人运用网络分析法分析由不等分 Wilkinson 功分器、传输线和电抗元件组成的双频去耦网络，分别设计了对窄带和宽带天线阵适用的网络[153]，并推广至双频天线阵的耦合抑制中[154]，如图 1.14(e) 所示。复合网络即指采用多种形式的去耦网络复合而成的网络。如图 1.14(f) 所示，Zou 等人提出采用 T 形结构解耦相邻阵元，并结合细传输线构成复合网络解耦非相邻阵元，各阵元间的互耦至少下降了 12.8 dB[155]。Wójcik 等人结合功分器和耦合器构成复合网络，将双极化阵列间的隔离度提升至 57 dB[156]。因此，去耦网络的设计具有通用性，不依赖于阵

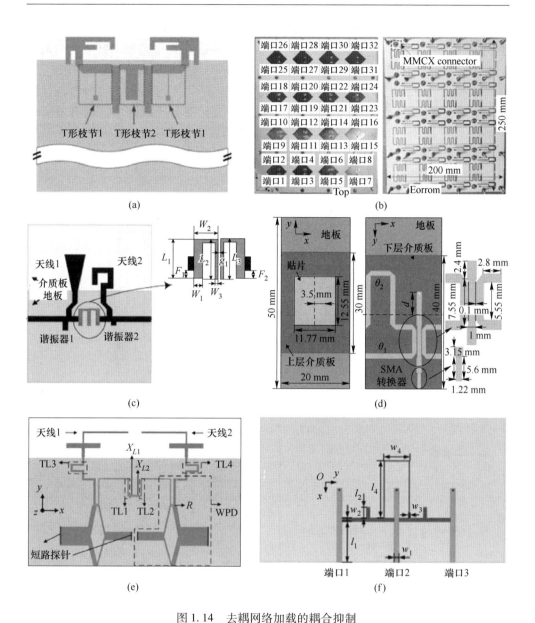

图 1.14 去耦网络加载的耦合抑制

（a）T 形网络；（b）T 形网络阵列解耦；（c）耦合谐振网络；（d）耦合器网络；

（e）功分器网络；（f）复合网络

元形式，可用于对称、非对称、窄带、宽带、双频阵列的耦合抑制。

1.5.2.2 中和线法

中和线直接与天线阵元相连，通过引出的部分电流来抵消耦合电流，从而实现抑制[157-162]。如图 1.15(a) 所示，Su 等人在 USB 加密狗天线上增加一段连接阵元的中和线，使得带内的耦合均在 −19 dB 以下[157]，该方法在三频[160]和宽带手机天线[162]中也适用。如图 1.15(b) 所示，Zhang 等人在宽带单极子之间加入两条传输线和圆环进行解耦，阵元间的隔离度在 3.1~5 GHz 内达到 22 dB[158]。Li 等人提出了中和线结合阻抗的通用去耦网络模型并推导了一般化设计方法，如图 1.15(c) 所示，运用到二元和三元单极子、二元倒 F 天线阵中，均有效实现了解耦[159]。此外，Elobied 等人将中和线加载至双极化半模基片集成波导中，阵元间的耦合降低了 10 dB[161]。因此，中和线适用于窄带、宽带和多频天线阵，且结构简单、设计实现较容易。

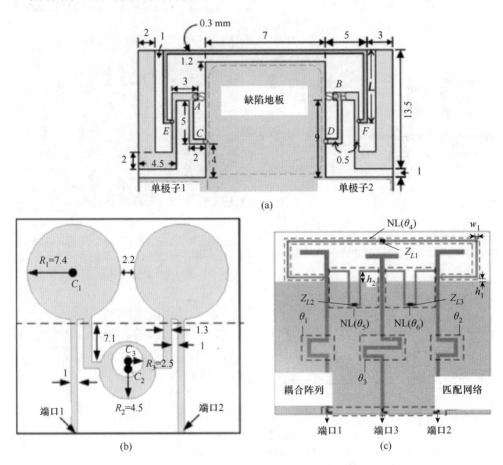

图 1.15 中和线加载的耦合抑制

(a) 中和线连接线；(b) 宽带中和线；(c) 中和线结合阻抗

1.5.2.3 自解耦法

自解耦是指通过在天线阵元自身结构上加载枝节或集总元件使得阵列中阵元间实现耦合抑制，而无须在阵列中增加其他寄生结构的解耦技术[163-166]。Sui 等人在倒 F 天线上加载一容性负载，使得阵元间的耦合从 – 10 dB 降至 – 20 dB[163]，同时通过在阵元上加载接地集总电容进一步减弱倒 F 天线、单极子和环形天线阵的耦合[165]，如图 1.16（a）所示。Cheng 等人在水平和垂直维度蜿蜒偶极子，在不需要增加解耦结构的基础上降低了两个阵元之间的耦合[164]，如图 1.16（b）所示。同时，Cheng 等人通过设计加载电抗元件的新型贴片天线，使阵元自身能够激发额外的耦合路径来中和互耦，实现了 2×2 阵列的耦合抑制[164]。Sun 等人从共模和差模的角度，运用模式相消实现了偶极子和倒 F 天线阵的解耦，如图 1.16（c）所示，通过改变天线阵的地板大小，即可将倒 F 天线阵元间的隔离度提高至 22.2 dB[166]。因此，自解耦技术通过在阵元的结构上做简单的变化即可实现阵列中的高隔离，而无需加载额外的解耦结构，但是这一技术对天线的形式要求较高，需准确分析其辐射模式方可进行。

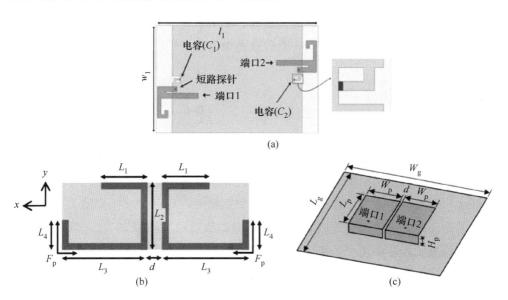

(a)

(b)   (c)

图 1.16 自解耦技术

（a）电容加载；（b）蜿蜒结构；（c）改变地板大小

2 基于超构表面的宽带 SIW 背腔天线增益提升

本章彩图

基于超构表面提升 SIW 背腔天线增益是一种典型的增益提升方法，通常对天线阵元进行覆层排布，等效于增加天线的辐射口径面积，实现天线辐射性能的有效提升。多模宽带天线由于模式叠加会引起高频段增益突降等问题，而如何在保持天线宽带特性的基础上提升特定频段增益仍需进行深入研究。本章基于补偿边界、旋转馈电网络和小型化超构表面，提出了宽带基片集成波导背腔缝隙天线在特定频段内增益提升的方法，有效改善增益稳定性，同时验证圆极化天线阵列设计。

2.1 概　　述

由于超构表面具备优越的电磁波调控能力，现已被广泛应用于奇异偏折、聚焦、多波束、涡旋光产生、表面等离子激发和雷达散射截面减缩等。超构表面在天线上也有着诸多应用，包括增益提高、带宽拓展、双/多频产生等。

采用模式叠加可以有效拓展 SIW 背腔缝隙天线的工作带宽[167]，但是不规则的缝隙造成了增益在整个工作频带内的波动，特别是在高频段增益会出现大幅度降低的情况。而如何在保持天线宽带特性的基础上提升特定频段增益仍需进行深入研究。本章对利用超构表面在宽带天线特定频段内实现增益提升进行了研究，基于补偿边界、旋转馈电网络和小型化超构表面，提出了宽带基片集成波导背腔缝隙天线在特定频段内增益提升的方法，改善增益稳定性，同时验证圆极化天线阵列设计。一是利用多模特性，在实现天线小型化的基础上扩展天线带宽，同时引入异形超构表面进一步提升天线的整体性能。二是采用相同圆形 SIW 背腔缝隙天线，通过引入切角超构表面实现圆极化，同时采用顺序旋转馈电网络以提升阵列圆极化特性，设计一款基于超构表面的多模 SIW 宽带圆极化天线阵列。三是对传统缝隙进行改造，引入新的谐振点，提升工作带宽，同时加载小型化超构表面，着力改善高频段增益稳定性，设计一种基于小型化超构表面的宽带 SIW 背腔高增益天线。

2.2 基于异形超构表面的 SIW 圆形背腔多模天线增益提升

在天线设计中，通过加载超构表面提升增益已经成为一种经典的手段，但是在利用改造后的超构单元进一步提升天线性能方面还有广泛的研究空间。本节提出了一种基于异形超构表面的 SIW 圆形背腔多模天线阵列，通过对传统缝隙进行改造，引入新的谐振点，从而提升工作带宽，同时在规则超构单元边缘引入补偿边界，进一步改善全频段增益稳定性。

2.2.1 天线子阵结构设计

图 2.1 给出了天线子阵的结构示意图，天线子阵由两部分组成，即 SIW 多模天线和超构表面结构。SIW 多模天线位于底部，由单层厚度为 H_1、相对介电常数为 2.65 的 F4B 介质板和两层金属面组成，其中辐射面位于介质板顶部，在 SIW 腔的上层蚀刻出一个 T 形槽，将全模式 SIW（FMSIW）腔分割成一个不相等的 HMSIW 和一个 QMSIW 谐振腔。介质板的底面是金属地板，辐射面和地板之间由直径为 D_{siw}、间距为 P_{siw} 的金属通孔相连接，以形成 SIW 谐振腔天线。D_{siw} 和 P_{siw} 满足 $D_{siw}/P_{siw} \geqslant 0.5$ 和 $D_{siw}/\lambda_0 \leqslant 0.1$（$\lambda_0$ 是较低谐振频率处的波长）的关系以最大限度地减少空腔的能量泄漏。此外，通过适当调整馈电点可以实现阻抗匹配。天线各参数的尺寸见表 2.1。TM_{01} 模式的 FMSIW 腔谐振器的初始尺寸计算公式如下：

$$(f_r)_{01} = \frac{2.404c}{2\pi R \sqrt{\varepsilon_r}} \tag{2.1}$$

式中，$(f_r)_{01}$ 为主模式（TM_{01}）的谐振频率；R 为圆形 SIW 腔的半径，ε_r 为介质板的相对介电常数。从式（2.1）可以看出，谐振腔的尺寸主要影响基本模式（FM）的谐振频率。

表 2.1 天线各参数的尺寸 （mm）

参数	L_1	L_2	G	R_1	D_{siw}	P_{siw}	D_1	D_2	W_1	H_1	H_{air}
尺寸	6	2.5	0.4	15	1.6	2.4	1.5	1	0.5	0.8	5

观察到圆形 FMSIW 腔转换为 HMSIW 和 QMSIW 腔谐振器，子腔也支持相同的谐振频率。天线采用同轴馈电形式，底部连接 50 Ω 阻抗匹配端口，超构表面结构位于 SIW 多模天线的正上方，由 F4B 介质板和单层金属面组成，位于上层介质板顶部的 4×4 超构单元组成了超构表面。同时在超构单元边缘引入补偿边界[94]，采用非均匀贴片提高天线单元的增益，在图 2.1 中，超构表面的每个边

界处都引入了非均匀贴片，每个边缘的中间两个贴片向外延伸，而其他参数不变，两层介质板之间存在 H_{air} 厚度的空气层。

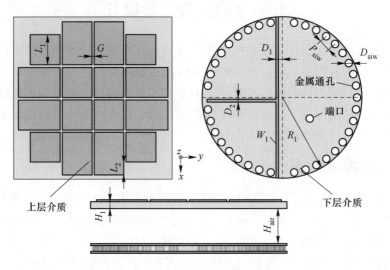

图 2.1 天线子阵结构示意图

为了进一步说明天线子阵的实现原理，图 2.2 给出了天线的演变进化流程图。天线 1 在传统的圆形 SIW 谐振腔的上层刻蚀一个长条缝隙，将 FMSIW 腔分割成两个不相等的 HMSIW 谐振器。在天线 1 的基础上，又在缝隙的正交位置刻蚀一个长条缝隙，将 FMSIW 腔分割成两个不相等的 HMSIW 和 QMSIW 谐振器，形成了天线 2。天线 2 将 HMSIW 和 QMSIW 相融合，实现了多模谐振的效果，有效地展宽工作带宽，同时使用多模谐振理论展宽工作带宽也是宽带天线常用手段之一。为了进一步提升天线整体性能，在 SIW 多模天线正上方加载了由 4×4 超构单元组成的超构表面，形成了天线 3，超构表面的引入进一步拓展了天线的工作带宽并且有效提升了增益。为了增强天线的实用性，进一步提升增益，通过在天线 3 的超构单元边缘引入补偿边界，采用非均匀贴片提高天线单元的增益，形成了天线 4，也就是设计子阵的最终形式。

图 2.3 给出了 4 款天线的 S 参数和增益随频率变化曲线，如图 2.3（a）所示，天线 1 在 4.64 GHz 谐振并且有 0.29 GHz（4.51～4.8 GHz）的工作带宽，这完全归功于 HMSIW 的引入。当引入 QMSIW 时，天线 2 在 4.88 GHz 引入了一个新的谐振点，同时原来的谐振点位置并没有发生位移，这充分说明了多模天线中各模式工作的独立性，如此设计提高了天线的可调性，降低各个模式之间的串扰，天线工作带宽相应的提升至 0.54 GHz（4.5～5.04 GHz）。另外可以看到，加载超构表面之后的天线 3，在 5.12 GHz 由超构表面引入了新的谐振点，天线的工作带宽进一步提升至 0.63 GHz（4.53～5.16 GHz）。引进补偿边界之后，天线的工

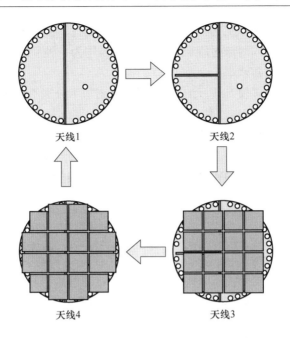

图 2.2　天线子阵演变过程

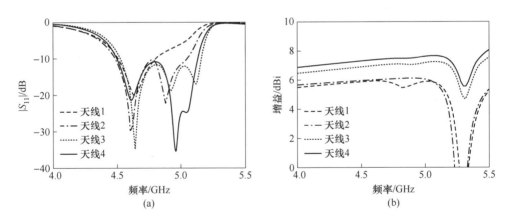

图 2.3　天线 1~4 的 S 参数（a）和增益（b）对比曲线

作频带有微小程度的展宽，至 0.66 GHz（4.48~5.14 GHz）。图 2.3(b) 展示了 4 款天线的仿真增益随频率变化曲线，相比于天线 1 来说，天线 2 增益并没有较大的提升，只是在第二个谐振点（4.88 GHz）附近有小幅度的提升。这是因为天线 2 只是在辐射面刻蚀了正交的缝隙，并没有增大天线的辐射口径，所以对于辐射性能不会有较大影响。但是天线 3 整体增益相比于天线 2 提升了大约 1 dBi，如此显著的增益提升主要归功于超构表面结构。相比于天线 3，得益于补偿边界的作用，天线 4 增益提升了大约 0.5 dBi。综合分析图 2.3 可以得知，超构表面不仅展宽了天线的工作带宽，并且提高了天线的增益，使得天线子阵的整体性能得到了有效的提升。同时该过程验证了补偿边界作为一种新的相位补偿手段，可以有效提升天线的增益水平。

为了更好地说明多模 SIW 天线工作原理，图 2.4 分别给出了天线 2 在两个谐振点 4.6 GHz 和 4.88 GHz 工作时的表面电流分布图。从图 2.4(a) 中可知，当天线 2 在 4.6 GHz 工作时，表面电流主要集中分布在右半平面，也就是所设计的 HMSIW。当天线 2 工作在 4.88 GHz 时，如图 2.4(b) 所示，表面电流主要集中分布在左下平面，也就是 QMSIW。这充分说明了天线的多模形成原理，和图 2.3 结果相吻合，验证了对于多模分析的正确性。

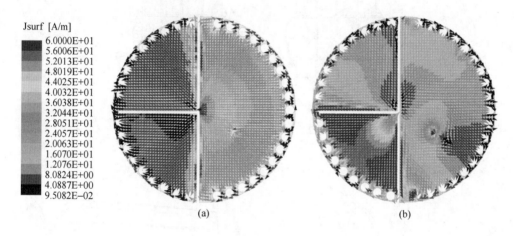

图 2.4　天线单元表面电流分布

(a) 4.6 GHz；(b) 4.88 GHz

天线的某些参数对于天线的性能有着重要的影响，当改变其中一个参数，同时保持其他参数不变，天线的相关特性会出现线性或是非线性的变化趋势。对这种趋势进行分析研究可以有助于了解天线的设计原理，简化设计流程。从图 2.1 和图 2.3 中不难看出，位于 SIW 多模天线上表面的两条缝隙对于模式的产生和变化有着重要的影响。首先，对天线 2 进行分析，分别研究两条缝隙偏离中心线的位置 D_1 和 D_2 对于天线阻抗特性的影响。如图 2.5(a) 所示，随着 D_1 的变大，整体工作频带向高频偏移，阻抗特性变好，这说明随着 D_1 的增大，电流路径变长，馈电点的相对位置发生了变化，改善了阻抗匹配，最终确定 $D_1 = 1.5$ mm。D_2 的变化趋势如图 2.5(b) 所示，当 $D_2 = 0.5$ mm 时，表明正交缝隙处于中心线上，这时左半部分的上下两个四分之一圆面大小相同，因为他们关于 y 轴对称，相位相差 180°，相互之间辐射相消，所以没有显示出良好的谐振。随着 D_2 变大，低频谐振点基本保持不变，而高频谐振点向高频方向偏移，这说明高频的谐振模式由 QMSIW 产生，对 HMSIW 产生的低频谐振模式影响不大。随着 D_2 增加，QMSIW 辐射面积变小，谐振频率上升，为了平衡起见最终选择 $D_2 = 1$ mm。

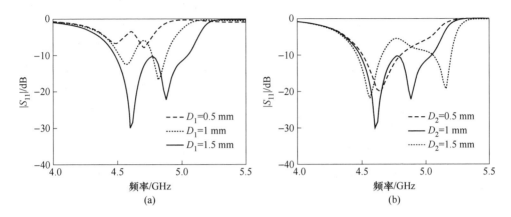

(a)   (b)

图 2.5   天线 2 选取不同参数时 S 参数变化曲线

（a）S 参数随 D_1 变化；（b）S 参数随 D_2 变化

2.2.2   增益提升工作原理及设计优化

正如众多公开报道的文献所介绍，加载了串联电容的超构表面单元周期性阵列[13]可以被视为一个辐射元件，并且具有与传统矩形贴片天线类似的 TM 谐振模式。图 2.6 中所示的超构表面天线通常由金属地板上蚀刻的缝隙激励，与馈电缝隙平行的 3 个单元间缝隙作为辐射缝隙，电场集中并围绕这些缝隙逆时针循环。然而，在研究中发现周期性单元上的表面电流密度主要集中在中心部分，而外围单元上的表面电流稍弱。因此，外围缝隙几乎没有与

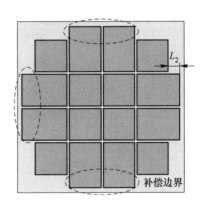

图 2.6   补偿边界结构示意图

中心单元间的缝隙同时被激励，这意味着天线的辐射孔径没有被充分激励，不能产生预期的定向增益。这种现象主要是因为外围缝隙的电容由于不理想的周期性边界条件而减少，从而增加了外围单元的谐振频率。

从 [94] 可知，使用非均匀金属贴片能够有效增强阻抗带宽和天线增益。为了扩大有效的辐射孔径，本节提出了一种新型改进超构表面天线。如图 2.6 所示，补偿边界主要通过在原始超构单元的边缘引入非均匀金属贴片实现，也就是说，每个边缘的中间两个贴片向外延伸，而其他参数不变。经过以上的改进措施，所提出的超构表面天线上的表面电流密度分布更加均匀。同时，4 个外围缝

隙之间的电场和单元之间的电场同时被激励，明显扩大了有效辐射孔径，进一步提升了增益水平。

图 2.7 分别给出了仿真得到的天线单元在未加载和加载补偿边界两种情况下在 4.6 GHz 工作时的电流分布。从图 2.7（a）可以清楚地看出，未加载补偿边界的天线电流主要集中在耦合缝隙附近的 4 个中间单元。由于距耦合缝隙较远，边缘单元上的表面电流明显较弱，因此，边缘单元几乎不会与中心单元同时被激励。电流幅度与频率和相位分布有关，电流分布与贴片阵列的谐振密切相关，因为阵列的尺寸与工作频率下的波长相当。由于相位抵消和相加，左下角和右上角的贴片可能承载最强的电流。它们之间的距离可能会导致反相相加，因此，它携带最强的电流。从图 2.7（b）可以看出，当天线引入补偿边界时，边缘单元表面电流密度提高，提升了天线子阵的均一性，从而提升了天线的增益。

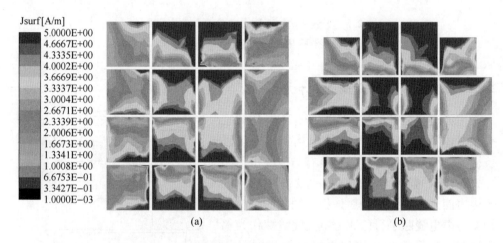

图 2.7　天线单元在 4.6 GHz 表面的电流分布
（a）未加载补偿边界；（b）加载补偿边界

由图 2.3 中可以看出，通过加载超构表面结构，天线的阻抗特性和辐射特性得到了明显的提升。对天线 4 中的超构表面主要参数进行分析，包括超构单元尺寸 L_1、超构单元之间的间距 G 和不规则贴片长度 L_2。图 2.8 给出了超构单元尺寸 L_1 随频率变化时天线的阻抗和增益曲线。如图 2.8（a）所示，当 L_1 增大，由超构表面引起的高频部分逐渐向低频偏移，同时其他两个频段也受到了影响。而在图 2.8（b）中，随着 L_1 的增大，天线整体增益逐渐提升，这是因为超构表面结构增加了原始天线的有效辐射面积，L_1 越大表示超构表面的面积越大，表征有效辐射面积提升，所以增益会出现提升。综合考虑阻抗特性和增益特性，以及小型化的需要，最终选择 $L_1 = 6$ mm。

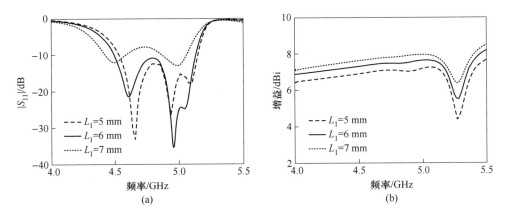

图 2.8　天线子阵对应不同 L_1 的 S 参数（a）和增益（b）的对比曲线

图 2.9 给出了超构单元之间的间距 G 取不同值时天线的阻抗和增益曲线随频率变化趋势。如图 2.9（a）所示，当 G 增大，低频端向右有一定程度的偏移，工作带宽增加同时高频部分阻抗特性逐渐得到改善，这是因为 G 的变化改变了超构单元之间的电容，从而对整个频带的阻抗特性产生了影响。随着 G 的减小，天线增益有小幅度的上升，如图 2.9（b）所示，最终确定 $G = 0.4$ mm。

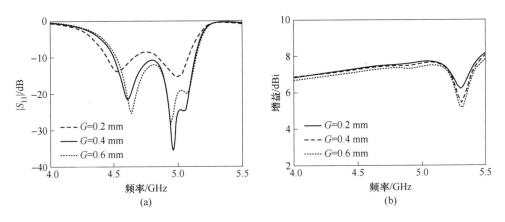

图 2.9　天线子阵对应不同 G 的 S 参数（a）和增益（b）的对比曲线

图 2.10 给出了不规则贴片长度 L_2 改变时天线的阻抗和增益随频率变化的曲线。在图 2.10（a）中，随着 L_2 的增大，整体工作频段向低频偏移，阻抗性能逐渐变差，但是整体上 L_2 对于 S 参数的影响有限，阻抗带宽几乎没有变化。同时，随着 L_2 的增大，天线增益有小幅度的提升，如图 2.10（b）所示。L_2 数值的提升进一步增大了天线的有效辐射面积，同时改变了超构表面电流分布，增强了天线子阵的均一性，因此有效地提高了天线的增益。

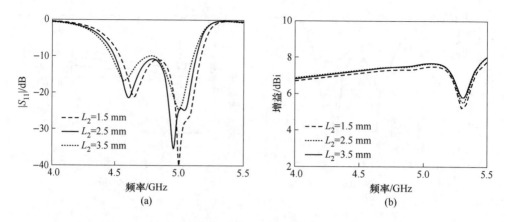

图 2.10　天线子阵对应不同 L_2 的 S 参数（a）和增益（b）的对比曲线

2.2.3　天线阵列设计及实物的性能测试

为了验证所设计的天线子阵在阵列中的实际应用效果，本节设计了 16 单元组成的天线阵列，同时采用经典的 1 分 16 功分馈电网络为整个天线阵列馈电。图 2.11 给出了所设计的天线阵列结构展开图。整个阵列尺寸为 192 mm × 192 mm × 7.2 mm，由 3 层相对介电常数为 2.65 的 F4B 介质板和 5 层金属面组成，介质板的厚度分别为 0.8 mm、0.8 mm 和 0.6 mm，16 个子阵同相放置。与子阵的结构相似，超构表面刻蚀在上层介质板顶部，位于中间层介质板的顶面相对于 16 个主辐射体同相放置，而金属地板位于中间层介质板底面。辐射体与地板之间通过金属通孔相连，两层介质板之间有厚度为 5 mm 的空气层。一个标准的功分馈电网络位于底层介质板的底面，馈电网络由 5 个一分二的 T 形功分器和

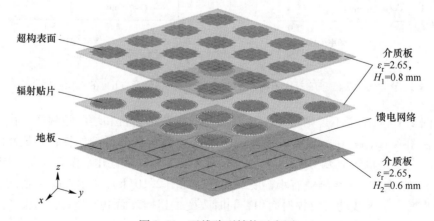

图 2.11　天线阵列结构示意图

9 个 H 形功分器组成，每个功分器都由 50 Ω 馈电线和长度为 $0.25\lambda_0$ 的 70.7 Ω 阻抗变换线构成。16 个馈电端口通过探针与主辐射体相连，为 16 个主辐射体提供振幅相等、相位相同的输入信号，从而维持天线阵列的宽带特性。中间层介质板与下层介质板紧密相接，没有空隙。值得注意的是，SIW 天线边缘的金属通孔等效为电壁，可以有效地抑制能量的泄漏，因此相邻单元之间的耦合十分小，在两个单元间距非常近的情况下，单元之间的耦合依然很小，隔离度很高，所以可以将相邻单元紧贴放置从而实现阵列的小型化。

为了验证所设计天线阵列在实际应用中的性能，对所设计的天线阵列进行加工并测量。图 2.12 给出了天线阵列实物和测量环境的照片。阵列的 S 参数和辐射特性分别由 AV3672B 矢量网络分析仪和微波暗室进行测量。图 2.13 给出了天线阵列的仿真和实测的 S_{11} 和增益随着频率变化曲线。阵列的仿真带宽为 0.62 GHz（4.56 ~ 5.18 GHz），相对带宽为 12.7%，实测带宽为 0.6 GHz（4.6 ~ 5.2 GHz），相对带宽为 12.2%，仿真和实测结构相似度较高，其中微小的差距可能来自加工的误差。阵列在整个工作频带内增益最小值为 19.9 dBi（4.56 GHz），最大值为 20.1 dBi（4.86 GHz），变化范围为 0.2 dBi，增益在整个工作频带内非常稳定并且保持了较高的水平，实测增益在整个工作频带内增益最小值为 18.6 dBi（4.6 GHz），最大值为 19.1 dBi（4.9 GHz）。它们之间的差异除了馈电网络损耗和加工误差之外可能还来源于测试环境的影响及多层天线装配的误差。

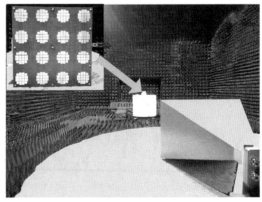

图 2.12　天线阵列实物和测试环境

图 2.14 给出了天线阵列分别在 4.6 GHz 和 4.8 GHz 处工作的 E 面及 H 面的仿真和实测辐射方向图曲线，阵列的主辐射方向位于法线方向。得益于 SIW 天线优良的单向辐射特性，采用 SIW 谐振腔作为主辐射体有效降低了阵列的后向辐射，与其他形式的天线相比较，在一定程度上提升了整体的增益水平。从

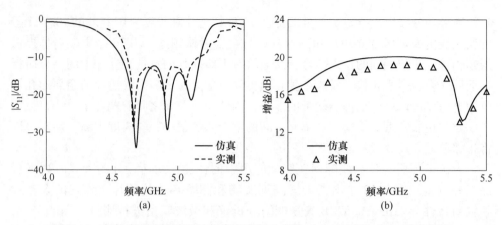

图 2.13　超构表面天线阵列的仿真和实测 S 参数（a）和增益（b）对比曲线

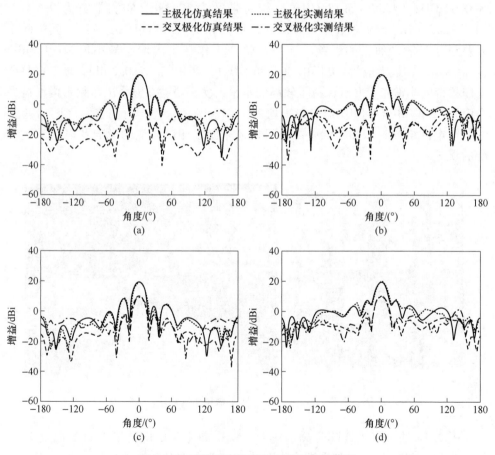

图 2.14　天线阵列仿真和实测辐射方向图
（a）E 面（4.6 GHz）；（b）H 面（4.6 GHz）；
（c）E 面（4.8 GHz）；（d）H 面（4.8 GHz）

图 2.14(a) 和 (c) 可以看出，在 4.6 GHz 和 4.8 GHz 处天线阵列 E 面的主瓣宽度分别为 40° 和 38°，第一副瓣分别为 – 14.5 dB 及 – 16.1 dB。从图 2.14(b) 和 (d) 可以看出，在 4.6 GHz 和 4.8 GHz 处天线阵列 H 面的主瓣宽度为 42° 和 38°，第一副瓣分别为 – 16.4 dB 及 – 12.4 dB。仿真结果和实测结果相似度较高，验证了设计的有效性。

微带贴片天线的天线口径效率计算公式如下：

$$G_{max} = \frac{4\pi}{\lambda_0^2} A_{eff} E_{ff} \qquad (2.2)$$

式中，A_{eff} 为等效口径面积；G_{max} 为峰值增益；E_{ff} 为口径效率。

依据计算和仿真结果，图 2.15 给出了未加载和加载超构表面的天线阵列口径效率对比曲线。可以清楚地看到在未加载超构表面的情况下，天线的口径效率为 45% ~ 64%，在 4.7 GHz 处达到峰值，为 63.38%。超构表面的引入使阵列口径效率得到了明显提升，平均增幅为 25%，在 4.6 GHz 时口径效率最大可以达到 90.38%。口径效率的提升充分说明超构表面对于提升天线性能的有效性。值得注意的是，在图 2.15 中，当计算两款阵列的口径效率时，均采用阵列的整体平面尺寸，也就是 192 mm × 192 mm 作为等效口径面积得出结果。因此从图 2.15 中可以看出阵列的口径效率提升过于明显。但是对于加载超构表面的阵列来说，一方面超构表面的引入改善了口径分布均匀性，较大程度提高增益的同时提升了口径效率；另一方面天线剖面的增加扩大了平面能量覆盖范围，相当于增大了有效的口径面。

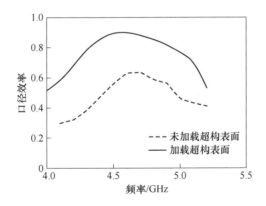

图 2.15　天线阵列未加载和加载超构表面的仿真口径效率对比曲线

图 2.16 分别给出了两款天线切面辐射能量分布示意图。图 2.16(a) 给出了传统低剖面微带贴片天线的侧面示意图，介质板厚底为 H_1，宽度为 W_1。众所周知，对于经典的微带天线来说，能量不仅仅分布在介质板的内部，而且在介质板的边缘也存在能量辐射，并且随着距介质板边缘距离的增大而持续减小。根据实

际工程经验，一般认为距介质板边缘 3 个 H_1 的范围内皆存在能量辐射，图中以 ΔW_1 表示边缘能量覆盖范围。在设计低剖面的阵列天线时，介质板厚度相比于阵列平面尺寸较小，$\Delta W_1 \ll W_1$，所以阵列的有效口径面积近似等于阵列实际整体平面面积。但是随着阵列整体厚度的增加，边缘能量覆盖范围同时不断扩大，从图 2.16(b) 可以看出，相比于 ΔW_1 来说，ΔW_2 提升明显，成为辐射面积中不可忽视的一部分。因此，对于高剖面天线来说，实际的有效口径面积要大于阵列平面面积，在计算不同厚度天线口径效率时，特别是高剖面天线应当充分考虑边缘辐射效应。由此可知，本节所设计的天线阵列的实际口径效率应低于图 2.15 中所示值，而具体的 ΔW_2 的理论计算数据值得下一步深入研究和思考。

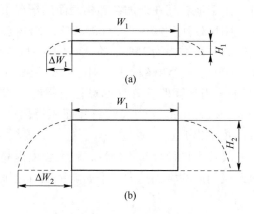

图 2.16　两款天线切面辐射能量分布示意图
（a）低剖面天线；（b）高剖面天线

2.3　基于超构表面的多模 SIW 宽带圆极化天线阵列

2.2 节中对于圆形 SIW 谐振腔进行改造，通过对传统缝隙进行改造，引入新的谐振点，从而提升 SIW 天线工作带宽的设计思路具有可推广性。为检验其适用性，本节设计了一款基于切角超构表面的多模基片集成波导宽带圆极化天线阵列。单元按照顺序旋转的方式排布实现圆极化的设计，同时超构表面的引入进一步展宽了天线子阵的工作带宽。

2.3.1　天线子阵结构设计

图 2.17 给出了圆极化天线子阵列的结构示意图，整体天线子阵列由两部分组成，即 SIW 多模天线和超构表面结构。SIW 多模天线位于下层，由厚度为 H_1、相对介电常数为 2.65 的 F4B 介质板和两层金属面组成，其中辐射面位于介质板

顶部。在 SIW 腔的上层蚀刻出一个 T 形缝隙，以便将全模 SIW（Full-mode Substrate Integrated Waveguide，FMSIW）腔分割成一个不相等的 HMSIW 和一个 QMSIW 谐振器。介质板的底面是金属地板，辐射面和地板之间由直径为 D_{siw}、间距为 P_{siw} 的金属通孔相连接，形成 SIW 谐振腔天线。通孔之间的直径和间隙选择如下：$D_{siw}/P_{siw} \geqslant 0.5$，$D_{siw}/\lambda_0 \leqslant 0.1$（$\lambda_0$ 为低谐振频率的波长），以尽量减少腔体的能量泄漏。此外，还可以通过适当调整馈电点来实现阻抗匹配。

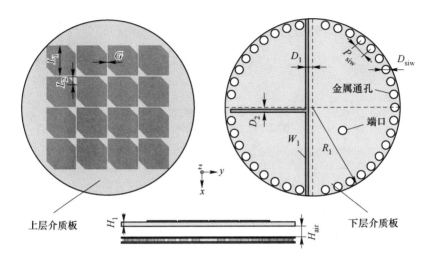

图 2.17 圆极化天线子阵列结构示意图（单位：mm）
（$L_1 = 5.5$，$L_2 = 1.5$，$G = 0.2$，$R_1 = 15$，$D_{siw} = 1.6$，$P_{siw} = 2.4$，
$D_1 = D_2 = 1$，$W_1 = 0.5$，$H_1 = 0.8$，$H_{air} = 3$）

同 2.2.1 节的设计思路相同，根据式（2.1）计算出 TM_{01} 模的 FMSIW 腔谐振器的初始尺寸。可以看出圆形 FMSIW 腔可转换为 HMSIW 和 QMSIW 腔谐振器，子腔也支持相同的谐振频率。天线采用同轴馈电，底部连接一个 50 Ω 阻抗匹配端口。超构表面结构位于 SIW 多模天线的正上方，由单层厚度为 H_1、相对介电常数为 2.65 的 F4B 介质板和单层金属面组成，4×4 的切角超构单元组成了超构表面基本样式，位于上层介质板的顶部。为了设计的简便性，将两层介质板设计为相同尺寸，半径均为 R_1，两个介质板之间存在一个厚度为 H_{air} 的空气层。

为了进一步说明天线子阵列的工作原理，图 2.18 给出了天线子阵的演变过程图。天线 1 和天线 2 的设计思路沿用 2.2.1 节的天线设计。为了进一步提升天线整体性能，在 SIW 多模天线正上方加载了一个由 4×4 的切角超构单元组成的超表面，即子阵列天线 3。值得一提的是，由于加载了切角超构单元，天线 3 在较窄的频带内实现圆极化，其轴向比（Axial Ratio，AR）< 3 dB，带宽为 60 MHz（4.87 ~ 4.93 GHz），如何提高圆极化带宽也成为我们接下来讨论的主要内容。

图 2.19 给出了 3 款天线的 S 参数和增益随频率变化曲线。如图 2.19(a) 所示，天线 1 的谐振点为 4.64 GHz，工作带宽为 0.29 GHz (4.51~4.8 GHz)。当引入 QMSIW 时，也就是天线 2，天线在 4.88 GHz 引入了一个新的谐振点，同时原来的谐振点位置并没有发生位移，并且工作带宽提升至 0.54 GHz (4.5~5.04 GHz)。

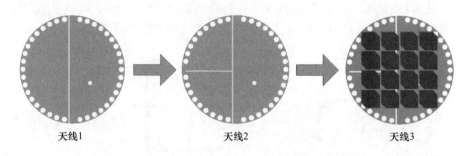

图 2.18　天线子阵演变过程

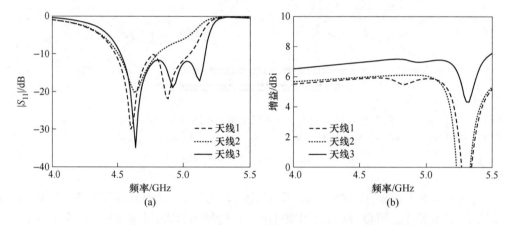

图 2.19　图 2.18 中天线 1~3 的 S 参数 (a) 和增益 (b) 对比曲线

　　一般来说，超构表面天线可被视为一种新型的辐射元件，由不同结构的超构材料单元周期性阵列组成。图 2.19(b) 展示了三款天线的仿真增益随频率变化的曲线。与天线 1 相比，天线 2 增益并没有显著的提升，只是在第二个谐振点 (4.88 GHz) 附近有小幅度的提升。天线 3 整体增益相比于天线 2 提升了大约 1 dBi，如此显著的增益提升完全归功于超表面结构。分析图 2.20 可以得出，超表面不仅拓宽了天线的工作带宽，而且提高了天线的增益，使得天线子阵列的整体性能得到了有效的提升。

　　图 2.5 分别研究两条缝隙偏离中心线的位置 D_1 和 D_2 对于天线阻抗特性的影响。切角尺寸 L_2 对于圆极化天线性能的影响如图 2.20 所示，结果充分证明了超表面在提高增益方面的有效性。当矩形单元构成超构表面时，即 $L_2 = 0$，

天线的增益也得到了有效提高。随着 L_2 的增大，采用经典的切角圆极化方案，天线的阻抗带宽和增益没有受到太大影响，但天线在窄带内表现出了圆极化特性。

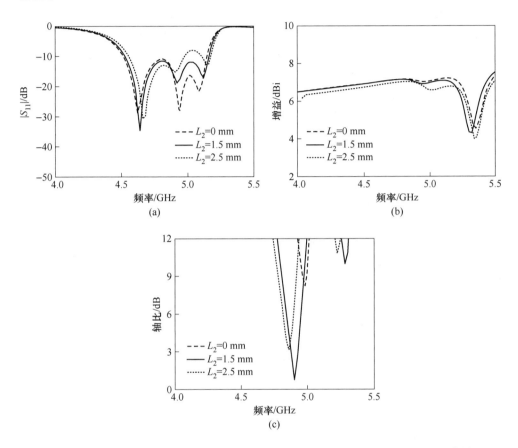

图 2.20 天线子阵对应不同 L_2 的 S 参数（a）、增益（b）和轴比（c）的对比曲线

2.3.2 天线阵列设计及实物的性能测试

为了验证所设计的天线子阵在阵列中的实际应用效果，我们设计了 4 单元阵列，同时采用顺序旋转馈电网络，能够有效提升圆极化带宽。图 2.21 给出了所设计天线阵列结构展开图。整个阵列尺寸为 65 mm×65 mm×5.2 mm，由 3 层介电常数为 2.65 的 F4B 介质板和 5 层金属面组成，介质板的厚度分别是 0.8 mm、0.8 mm 和 0.6 mm。4 个子阵列顺序旋转正交放置。与子阵列的结构相似，超构表面刻蚀在上层介质板的顶部，4 个主辐射体也是正交放置，位于中间层介质板的顶面，而金属地位于中间层介质板的底面，辐射体与地之间通过金属通孔相连，两层介质板之间有厚度为 3 mm 的空气层。一个标准的顺序旋转馈电网络位

于底层介质板的底面，馈电网络由 3 个一分二的功分器和一段 180°移相器组成，每个功分器都是由 50 Ω 馈电线和 70.7 Ω、长度为 $0.25\lambda_0$ 的阻抗变换线构成。180°移相器是一段长度为 $0.5\lambda_0$ 的 50 Ω 微带线。4 个馈电端口通过探针与主辐射体相连，为 4 个主辐射体提供振幅相等、相位相差 90°的输入信号，以实现天线阵列的宽带圆极化特性。中间层介质板与下层介质板紧密相接，没有空隙。值得注意的是，SIW 天线的边缘为金属通孔，等效为电壁，可以有效地抑制能量的泄露，因此相邻单元之间的耦合十分小，当两个单元间距非常小的情况下，单元之间的影响依然很小，隔离度很高，所以可以将相邻单元紧贴放置，从而实现阵列的小型化。

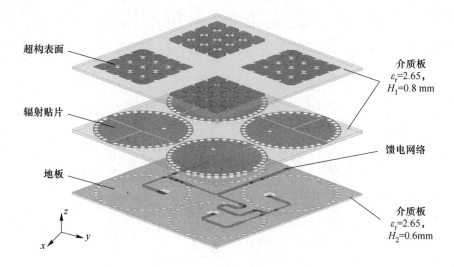

图 2.21　天线阵列结构示意图

　　为了验证所设计的天线阵列在实际应用中的性能，我们加工并测试了所设计的天线阵列。图 2.22 给出了所加工天线实物和测试环境的图片。阵列的 S 参数和辐射特性分别由 AV3672B 矢量网络分析仪和微波暗室进行测量。图 2.23（a）给出了天线阵列的实测和仿真的 S_{11} 随着频率变化曲线。阵列的仿真带宽为 0.74 GHz（4.46 ~ 5.2 GHz），相对带宽为 15.4%；实测带宽为 0.68 GHz（4.49 ~ 5.17 GHz），相对带宽为 14.2%，仿真和实测结果相似度较高。其中微小的差距可能来自加工的误差。图 2.23（b）给出了天线阵列的实测和仿真的轴比和增益随频率变化曲线。阵列的仿真 3 dB 轴比带宽为 0.43 GHz（4.55 ~ 4.98 GHz），相对带宽为 9.1%；实测 3 dB 带宽为 0.36 GHz（4.6 ~ 4.96 GHz），相对带宽为 7.7%。阵列在整个工作频带内增益最小值为 7.52 dBi（4.46 GHz），最大值为 11.42 dBi（4.94 GHz），变化范围为 3.9 dBi，其中 1 dBi 增益带宽为 0.2 GHz（4.82 ~ 5.02 GHz），占总带宽的 27%，3 dBi 增益带宽为 0.61 GHz（4.54 ~ 5.15 GHz），占总带宽的 84.2%。增益在整个工作频带内比较稳定，保持了较高的水平，实测增益与仿真增益相差不大，他们之间的差距除了加工误差之外可能还来源于测试环境的影响及多层天线组装的误差。

图 2.22　天线阵列实物和测试环境

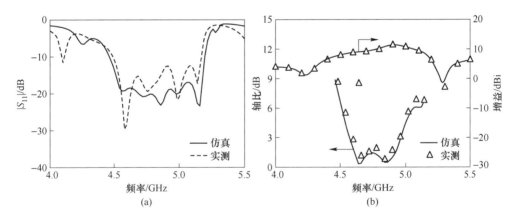

图 2.23　超构表面天线阵列的仿真和实测 S 参数（a）和轴比、增益（b）对比曲线

图 2.24 给出了天线的仿真孔径效率。可以看出，天线阵列在工作频段内保持了较高的孔径效率，最大值为 97.46%（4.9 GHz）。这与 SIW 天线的高孔径效率相一致。图 2.25 给出了天线阵列分别在 4.6 GHz 和 4.8 GHz 工作时的仿真和实测归一化辐射方向图曲线，天线阵列主极化是左旋圆极化，可以看出天线的交叉极化很低，圆极化性能出色，阵列的主辐射方向为法向。得益于 SIW 天线出色的单向辐射特性，与其他形式的天线相比，使用 SIW 谐振腔作为主辐射体有效降低了阵列的后向辐射，并在一定程度上提高整体增益水平。测试曲线和仿真曲线吻合良好，验证了设计的有效性。

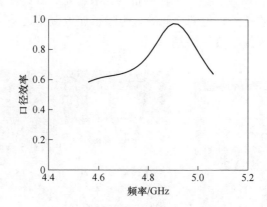

图 2.24　天线阵列加载超构表面的仿真口径效率

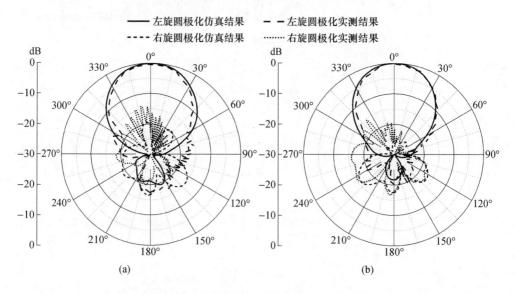

图 2.25　天线阵列仿真和实测辐射方向图
（a）4.6 GHz；（b）4.8 GHz

2.4　基于超构表面的宽带 SIW 背腔缝隙天线增益提升

采用多模谐振可以有效拓展 SIW 背腔缝隙天线的工作带宽，但是不规则的缝隙造成了增益在整个工作频带内出现波动，特别是高频段增益会出现大幅度降低的情况。因此在保持天线宽带特性的基础上提升特定频段增益仍需进行深入研究。本节提出了一种基于小型化超构表面的宽带 SIW 背腔高增益天线，通过对传统缝隙进行改造引入新的谐振点从而提升工作带宽，同时加载小型化超构表面着力改善高频段增益稳定性。

2.4.1　宽带 SIW 背腔缝隙天线设计与优化

2.4.1.1　SIW 背腔缝隙天线结构分析

SIW 背腔缝隙天线的几何结构如图 2.26 所示，天线建立在一块单层厚度为 1.5 mm 的 F4B265 介质板上，相对介电常数为 2.65。矩形谐振腔由分别分布在介质板双面的两层金属面及闭合的矩形金属通孔环组成。根据已经确定的理论，为了抑制能量泄漏，通孔间距 P_{siw} 和通孔直径 D_{siw} 一般满足 $D_{siw}/P_{siw} \geq 0.5$ 和 $D_{siw}/\lambda_0 \leq 0.1$（$\lambda_0$ 表示自由空间波长）。一个修正过的 H 形缝隙刻蚀在上层金属面中，两对具有相同间距和直径的附加短路通孔被放置在 SIW 腔的中心附近，通过 SIW 腔与短路通孔的相互作用，底部模式向上移动并耦合到两个上部模式。因此，天线实现了具有三重谐振的工作频带，缝隙天线参数的具体数值见表 2.2。

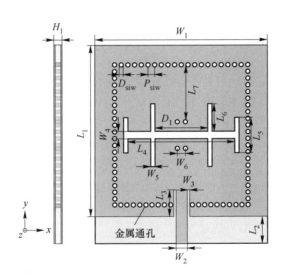

图 2.26　背腔缝隙天线结构示意图

表 2.2　天线各参数的值　　　　　　　　　　（mm）

参数	数值	参数	数值	参数	数值	参数	数值
L_1	44	L_6	6	W_4	1.5	D_{siw}	1
L_2	6	L_7	14	W_5	1	P_{siw}	1.5
L_3	6	W_1	39	W_6	1		
L_4	24	W_2	2.6	D_1	12		
L_5	7	W_3	0.5	H_1	1.5		

　　为了进一步说明天线的设计过程和带宽增加的原理，图 2.27 给出了天线进化过程，为便于直观反映天线变化的过程，选取缝隙周边部分进行展示。作为典型的 SIW 背腔缝隙天线的基本形式，天线 1 只包含一条长线形缝隙；经过对长线形缝隙进行升级进化，在缝隙两端对称刻蚀两条垂直缝隙就形成了天线 2；在 H 形缝隙的辐射零点附近对称添加两对具有均匀间隙的垂直枝节，形成了天线 3；最后在双 H 形缝隙的两边对称引入一对金属化通孔得到天线 4。

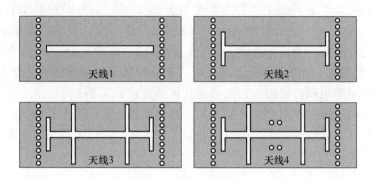

图 2.27　天线演变过程

　　图 2.28 给出了天线 1~4 的 S 参数随频率变化曲线，可以看出天线 1 只含有两个谐振点，分别位于 13.6 GHz 和 14 GHz，天线 1 的工作带宽为 1.3 GHz(13 ~ 14.3 GHz)。垂直缝隙的引入使得原始天线新增了一个位于 12.7 GHz 的谐振频率，从而拓展了工作带宽，使得天线 2 的工作带宽增加到了 1.7 GHz(12.6 ~ 14.3 GHz)。下一步，对于天线 3 来说两对间隙均匀的垂直枝节对称地添加在 H 形缝隙的辐射零点附近，从而引入了新的辐射模式。这导致了一个新的不连续性，造成的典型结果就是低频带宽得到扩展，工作带宽增加到 2.2 GHz(12.1 ~ 14.3 GHz)。在天线 4 中，通过加载短路通孔，消除了工作带宽内的陷波带，同

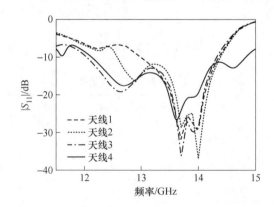

图 2.28　天线 1~4 的 S 参数对比曲线

时在高频部分增加了一个谐振模式，从而进一步拓展了工作带宽，最终缝隙天线工作带宽为 2.8 GHz(12.1 ~ 14.9 GHz)。此外，从图 2.28 中可以看出天线 1 进化到天线 2 的过程中，虽然引入了新的谐振模式，但是并没有改变原来的谐振模式，高频处的谐振频段没有明显的改变。同样在天线 3 和天线 4 中引入新的谐振频率也没有对原始的模式造成大的影响，这也体现了设计的独立性，有助于简化设计流程。

2.4.1.2　相关参数分析

为了测试缝隙对所设计天线阻抗带宽的影响，在本节中，对几个特定参数展开研究。图 2.29(a) 给出了匹配线长度 L_3 选取不同长度时 S 参数变化曲线。从图中可知，随着 L_3 增大，阻抗特性变好伴随着谐振点稍微向低频偏移，即 L_3 影响了整个天线的匹配，但是没有对谐振频率造成较大的影响，最终经过优化 $L_3 =$ 6 mm。图 2.29(b) 给出了短路探针位置 L_7 选取不同长度时 S 参数变化曲线。可以明显地看出，随着 L_7 的增大，天线低频部分基本保持不变，而高频部分谐振点向低频偏移同时阻抗性能变好，反映出短路探针主要影响高频部分，印证了

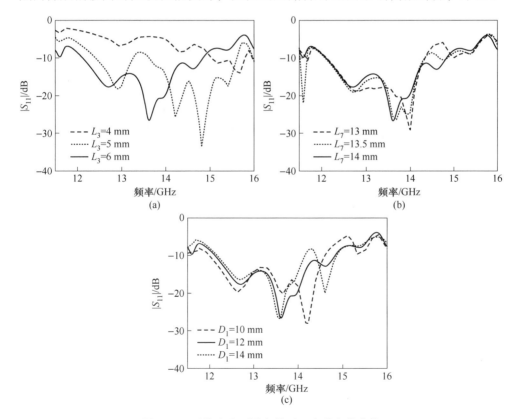

图 2.29　天线选取不同参数时 S 参数变化曲线

(a) S 参数随 L_3 变化；(b) S 参数随 L_7 变化；(c) S 参数随 D_1 变化

图 2.27 中的变化趋势，最终选取 $L_7 = 7$ mm。图 2.29（c）给出了 H 形垂直枝节的间距 D_1 选取不同长度时 S 参数变化曲线。可以看出，随着 D_1 增大，天线低频性能变好，高频部分带宽增大，但是有逐渐恶化的趋势，D_1 的变化趋势反映了 H 形缝隙对低频的影响，并且对高频也有相应的影响。这是因为，D_1 代表了 H 形缝隙和短路探针之间的距离，D_1 的改变同时也影响着短路探针周围的电场，所以对天线的高频部分有一定影响，经过优化，选择 $D_1 = 7$ mm。

图 2.30 给出了天线的 S_{11} 和增益随频率变化曲线，经过参数优化，所设计的天线具有 20.7%（12.1 ~ 14.9 GHz）的工作带宽，增益变化范围为 5.25 ~ 9.3 dBi，峰值增益为 9.3 dBi（13.4 GHz）。

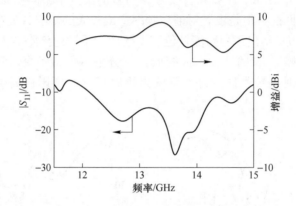

图 2.30　天线的 S 参数和增益随频率变化曲线

从图 2.30 中可以看到，虽然采取了多模谐振技术极大地展宽了天线的工作带宽，可是天线的增益也受到了影响，特别是高频段增益出现了恶化，增益下降了 4.1 dBi。如何稳定工作频段的增益，尤其是提高高频段的增益，是下一步的研究重点。

2.4.2　小型化超构表面

超构表面结构的等效电路可以看作是简单的并联 LC 谐振电路模型。谐振频率 f_0 的计算公式如下[168]：

$$f_0 = \frac{1}{2\pi \sqrt{L_d C_0}} \tag{2.3}$$

式中，C_0 为相邻和相对的贴片之间的间隙引起的边缘电容；L_d 为平板电介质接地电感。C_0 和 L_d 可以近似计算为：

$$C_0 = \frac{L_m \varepsilon_0 (1 + \varepsilon_r)}{\pi} \cos^{-1} \frac{2L_m + g}{g} \tag{2.4}$$

$$L_d = \mu h \tag{2.5}$$

根据式（2.4）~式（2.6）可知，传统超构表面结构谐振频率 f_0 与等效电容 C_0 和电感 L_d 的大小相关，并由超构表面结构的几何尺寸决定。具体而言，等效电容 C_0 主要由金属贴片的宽度 L_m 和这些贴片之间的间隙 g 决定，而等效电感 L_d 主要与介质板的厚度 h 有关。通常，如果 C_0 或 L_d 增大，谐振频率 f_0 会降低，进而实现小型化设计。因此，在这项工作中，采用加载短路通孔壁的方法增加等效电容，从而实现超构表面结构和基于超构表面天线的小型化。

图 2.31 显示了设计概念和结构演变，研究了具有相似配置的两种不同类型的超构表面结构，包括传统的方形超构表面结构（MS-1）、通孔壁加载超构表面结构（MS-2）。一般来说，这些超构表面结构都是由几个宽度为 L_8 的金属贴片、金属地板和总厚度为 h 的介质基板组成。此外，这些金属贴片之间的间隙宽度均为 g。为了清楚地说明小型化的工作原理，图 2.31 中分别给出了这两种超构表面结构的等效电路。

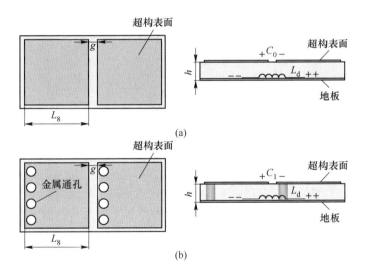

图 2.31　使用电容负载对所提出的超构表面进行结构演变和等效电路分析
(a) MS-1；(b) MS-2

从图 2.31(a) 中的 MS-1 开始分析，这是一种传统的方形超构表面结构，相邻和相对的贴片之间的间隙可以引入边缘电容 C_0。图 2.31(b) 中的 MS-2 是由 MS-1 进化而来，具体表现为在方形贴片的一侧加载了一排金属通孔。相邻的相对贴片之间的金属通孔壁可以形成等效的平行板电容 C_1，而不是原始的边缘电容 C_0。当正方形贴片的尺寸保持不变时，电容 C_1 将远大于边缘电容 C_0[169]，导致谐振频率 f_1 降低：

$$f_1 = \frac{1}{2\pi \sqrt{L_d C_1}} < f_0 = \frac{1}{2\pi \sqrt{L_d C_0}} \tag{2.6}$$

以上结论可以通过图 2.32 来验证。可以看出，方形贴片的尺寸保持不变，MS-2 的谐振频率 f_1 可以有效地从 18.45 GHz 降低到 14.5 GHz，验证了小型化的实现。显然，与其他小型化方法相比，这种通孔壁电容加载方法十分简单且非常有效。在上述分析的基础上，当使用通孔壁加载的紧凑型超构表面设计缝隙耦合超构表面天线时，可以相应地实现小型化。为了进一步阐明设计思路，接下来选择图 2.31 中设计的超构表面作为单元设计一个紧凑的宽带天线。

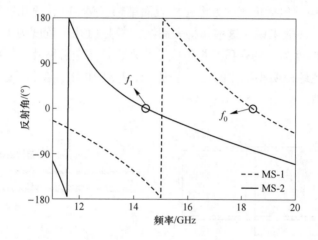

图 2.32　相同辐射口径下 MS-1 和 MS-2 的反射相位曲线

2.4.3　天线改进与增益提升技术

通过在天线上方加载超构表面可以实现在保持天线阻抗带宽的基础上提升天线增益，特别是改善高频段增益的目的。改进后的天线结构如图 2.33 所示，基于超构表面的 SIW 背腔缝隙天线由两层介质板和三层金属面构成，其中超构表面刻蚀在厚度为 0.8 mm 的上层介质板的顶面。超构表面由 4 个顺序旋转放置的 3×3 超构单元组成，每个单元在一侧刻蚀了金属通孔，目的是实现单元的小型化。下层介质板和其正面的缝隙面及背面的金属面共同构成了辐射天线，也就是图 2.26 中所设计的背腔缝隙天线。两层采用相对介电常数为 2.65 的 F4B 介质板紧贴放置，没有空隙。

图 2.34 分别给出了超构表面天线在不同频率工作时的表面电流分布情况。在 12 GHz 时表面电流强度较弱，这表明超构表面对该频段的天线性能没有显著影响。随着频率的升高，表面电流的强度逐渐增大，当达到 14 GHz 时表面电流的强度增长明显，如图 2.34(c) 所示。这意味着此时超表面会影响天线的整体

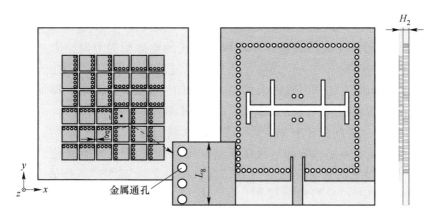

图 2.33 基于超构表面的 SIW 背腔缝隙天线结构示意图

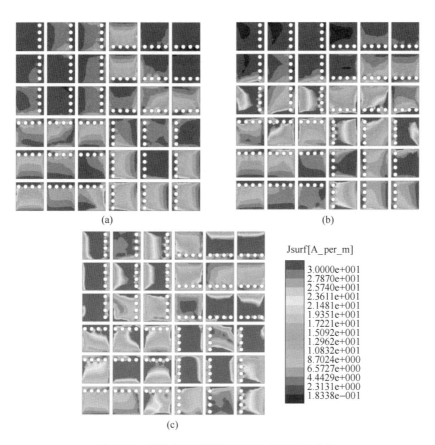

图 2.34 天线在不同谐振频率处表面电流分布

(a) 12 GHz；(b) 13 GHz；(c) 14 GHz

性能。众所周知，在利用超构表面技术增强天线增益性能时超构表面通常位于辐射天线的正上方，这相当于增加天线的辐射口径面积从而实现增益提升。4 个 3×3 的超构表面单元旋转放置以实现聚焦天线的整体辐射方向，因此天线的最大辐射方向朝向轴向，进一步提高了天线的增益。根据图 2.34 中的表面电流分布，可以预测加载了超构表面的天线在高频段的性能受到了影响，即通过这种方式，可以达到加载超构表面以改善高频性能的目的。

图 2.35 给出了加载和未加载超构表面时天线的仿真 S 参数和增益对比曲线。可以观察到通过引入超构表面，天线在高频部分的 S_{11} 没有明显变化，而低频部分得到了一定程度的展宽。通过加载超构表面，天线工作带宽拓展至 3.6 GHz（11.25 ~ 14.85 GHz），与单天线相比，工作带宽扩展了 6.9%，验证了针对图 2.34 分析的有效性。天线在工作频段的增益变化为 6.4 ~ 9.4 dBi，在 13.5 ~ 14.9 GHz 的工作频段内，增益平均提高了 1.7 dBi，最大值为 2.3 dBi（14.1 GHz），最小值为 0.88 dBi（14.4 GHz）。高频段的增益提升证实了之前对超构表面的分析，并表明加载超构表面是一种提升增益的有效方法。

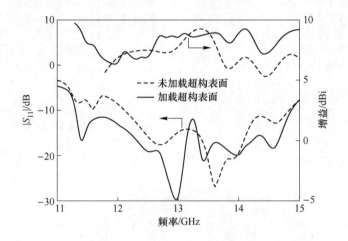

图 2.35　加载和未加载超构表面时天线的仿真 S 参数和增益对比曲线

2.4.4　天线实物的性能测试

为了证明设计的正确性，本节对超构表面天线进行样品加工并对其 S 参数和远场辐射性能进行测试。图 2.36 给出了天线实物和测试环境，阵列的 S 参数和辐射特性分别由 AV3672B 矢量网络分析仪和微波暗室测量得到。

图 2.37 所示为超构表面天线的仿真和实测 S 参数及增益对比曲线。超构表面天线的仿真工作频带为 3.6 GHz（11.25 ~ 14.85 GHz），实测为 3.55 GHz（11.35 ~ 14.9 GHz），增益的测量和仿真结果吻合良好，进一步证明了设计的有

图 2.36 天线实物照片和测试环境

效性。图 2.38 列出了 3 个不同频点处的 E 面、H 面实测和仿真辐射方向图的对比。可以看到，仿真和实测的主极化辐射图在两个正交切割平面上吻合良好，而仿真的交叉极化性能与对应的实测结果有很大不同，主要是由低水平的交叉极化和高噪声干扰引起的。将所设计的天线性能与现有文献中报道的天线进行比较，见表 2.3。相比于其他文献，本节所设计的超构表面天线在保持较宽的工作频带的基础上着力改善了高频增益的稳定性，并且在全频段拥有较高的增益水平。

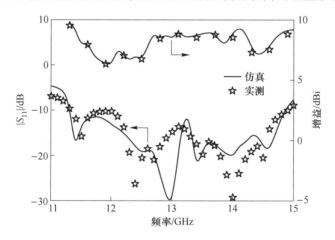

图 2.37 超构表面天线的仿真和实测 S 参数和增益对比曲线

本章提出了宽带基片集成波导背腔缝隙天线在特定频段内增益提升的方法，实现了天线在特定频段增益的有效提升。研究取得了以下结论：

（1）在圆形 SIW 谐振腔天线表面刻蚀缝隙，分别形成半模 SIW 和四分之一模 SIW，同时利用多模特性在实现天线小型化的基础上扩展天线带宽，带宽增加了 5.1%。

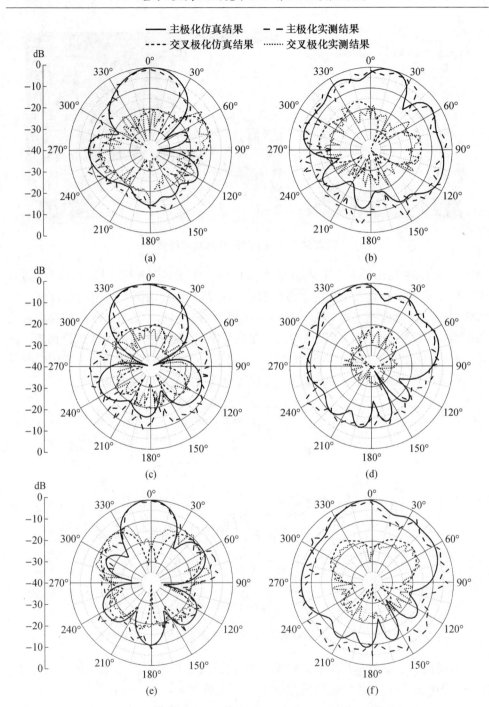

图 2.38　天线工作在不同频点的 E 面和 H 面辐射方向图

（a）E 面，12 GHz；（b）H 面，12 GHz；（c）E 面，13 GHz；

（d）H 面，13 GHz；（e）E 面，14 GHz；（f）H 面，14 GHz

表 2.3 所设计天线与其他同类型天线的性能比较

文献	频率/GHz	带宽/%	增益/dBi	尺寸(λ_0^3)/mm × mm × mm
[37]	10	9.4	3.7	约 0.6 × 0.67 × 0.03
[62]	28	16.7	10	0.58 × 0.86 × 0.05
[63]	20	26.7	9.5	1.67 × 1.43 × 0.05
[167]	60.5	11	——	0.2 × 0.25 × 0.13
[66]	10	20.8	5.7	0.63 × 1.07 × 0.03
[65]	10	17.5	7.3	0.63 × 1.07 × 0.03
本节	13	27.6	9.4	1.69 × 1.9 × 0.99

（2）为了进一步提升天线在工作频带内的增益稳定性，在传统超构表面的基础上引入补偿边界，通过在超构单元边缘添加非均匀贴片提高天线子阵增益，全频带增益平均提升 1.5 dB。进一步构建 4×4 阵列验证设计的准确性，结果表明阵列取得了 12.7%（4.56～5.18 GHz）的相对带宽，工作频带内最大增益为 20.1 dBi，变化范围为 0.2 dBi，增益在整个工作频带内非常稳定并且保持了较高的水平。

（3）为了验证该圆形 SIW 谐振腔天线在圆极化阵列天线中的设计一般性，通过引入切角超构表面实现圆极化，构建 4×4 阵列，采用顺序旋转馈电网络以提升圆极化特性。最终天线实现了 15.4%（4.46～5.2 GHz）的工作带宽，9.1%（4.55～4.98 GHz）的轴比带宽，工作频带内最大增益为 11.42 dBi。并且将加工的实物进行测试，实测结果与仿真结果吻合度良好。

（4）在传统 SIW 背腔缝隙天线的基础上，通过对辐射缝隙进行改造，引入了新的谐振点。天线的工作带宽得到了有效的提高，最终缝隙天线获得 20.7%（12.1～14.9 GHz）的工作带宽。

（5）为了解决高频部分增益衰减的难题，利用加载的小型化超构表面进一步改进了天线设计。超构表面由 4 个顺序旋转的 3×3 单元组成，每个单元上蚀刻金属通孔以实现小型化。高频段的增益平均增加了 1.7 dBi，最大增加了 2.3 dBi。结果表明，所提出的天线在 11.25～14.85 GHz 范围内实现了 27.6% 的阻抗带宽，在 14.1 GHz 处的峰值增益为 9.4 dBi。

3 多频共口径和多波束QMSIW 天线阵列设计

QMSIW 天线作为一种常用的小型化天线，通过将基片集成波导谐振腔对折两次，在保留原有工作模式下尺寸缩小为 1/4，从而实现小型化的设计。基片集成波导由于高品质因数造成带宽较窄，需进一步研究如何拓展其在宽带天线阵中的应用。本章提出了将共享金属通孔和条带缝隙相结合来拓展小型化天线工作带宽，以及运用独立可调缝隙增加相邻单元的频率比，提高相邻单元之间隔离度的方法，设计了 3 款 QMSIW 天线阵列，分别具有多波束、多频带和高隔离度的功能。

3.1 概　　述

基片集成波导天线由于具备高 Q 值和易与电路集成的优点而被广泛应用于现代天线设计中[170]。为了进一步实现天线小型化设计，科学家们提出了电/磁壁理论并研究了半模和四分之一模 SIW 以实现尺寸更加紧凑的目的[171]。此外，超构表面作为一种新兴技术，对提高天线的性能起着重要作用，从而引起越来越多的关注。值得注意的是，在设计多频/多波束天线阵列过程中[172]，阵元之间的距离应满足一定的要求，以避免出现栅瓣[173-175]。实际上会造成天线尺寸的增加，因此实现小型化仍然是天线设计中亟待解决的问题[176-180]。

3.2 基于 QMSIW 的 19 波束可重构天线阵列设计

利用 QMSIW 实现波束控制是当前研究的热点，然而在前期工作中，有些仅实现倾斜波束而缺乏其他类型的波束形状，或是只能将波束控制在所需的角度，而对小角度波束缺乏控制。本节提出将倾斜波束、小角度波束及多波束相结合的方法，构建了一种基于 QMSIW 简单结构的 19 波束方向图可重构天线并进行验证。

3.2.1 QMSIW 单元设计与原理分析

图 3.1 给出了所设计的 QMSIW 天线单元的正面和侧面结构图。方形贴片刻

蚀在边长为 L_1、厚度为 H 的 F4B 介质板的正面，相对介电常数为 2.65，介质板的背面是金属地板。直径 D_{siw}、间距 P_{siw} 的金属化通孔连接贴片和地板，构成了 QMSIW 的基本形态。众多研究人员发现对于 QMSIW 来说，腔体右侧和上部的金属边缘相当于磁壁，而左侧和下部被金属通孔隔开的边缘可以等效为电壁，电壁可以有效减小能量的流失，为下一步共享金属通孔的研究提供基础。众所周知，在辐射贴片上刻蚀缝隙激励附加寄生模式是宽带天线常用手段。在图 3.1 中，将整个金属贴片视为 QMSIW，宽度为 W_1 的条带形缝隙将贴片分为两个相似的部分，其中右下部分的三角形等效为八分之一模式的 SIW。改进的天线等效于在四分之一模式的基础上附加八分之一模式，由这两种模式共同作用从而提升了天线单元的工作带宽。单元由同轴电缆进行馈电，馈电点距离贴片边界的距离分别是 L_3 和 L_4，参数的具体数值见表 3.1。

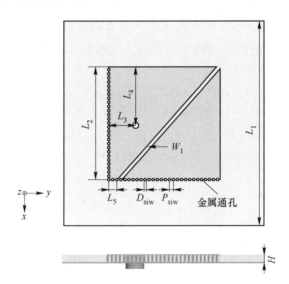

图 3.1　辐射单元的俯视图和侧视图

表 3.1　所设计的天线中各参数的值

参数	L_1	L_2	L_3	L_4	L_5	W_1	D_{siw}	P_{siw}	H
值/mm	45	25	6	13	1.8	0.8	0.5	0.9	1.5

为了更加直观地表述所设计 QMSIW 天线单元的设计思路，图 3.2 给出了天线单元的演变过程。SIW 谐振腔（天线 1）一般传播基模，也就是 TM_{01} 模式，通过在贴片四周刻蚀金属化通孔形成 SIW 谐振腔，谐振腔的尺寸决定了谐振频率。接下来引入 QMSIW 实现天线的小型化设计，通过对 SIW 谐振腔进行两次折叠，形成了 QMSIW 谐振腔（天线 2）。此时天线的辐射模式并没有改变，仍然是基

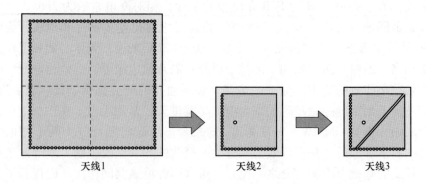

图 3.2　天线单元演变过程

模，但是整体尺寸只有原来的 1/4，是实现小型化的又一实用手段。近些年来一些学者对 QMSIW 的理论分析和应用进行了深入的研究。如图 3.2 所示，QMSIW 可以被看作矩形 SIW 谐振腔中的一个象限。以矩形 SIW 设计为例，矩形 SIW 谐振腔模谐振频率计算公式如下[1]：

$$f_{mnp}^{siw} = \frac{1}{2\pi \sqrt{\mu\varepsilon}} \sqrt{\left(\frac{m\pi}{L_{eff}^{siw}}\right)^2 + \left(\frac{n\pi}{h}\right)^2 + \left(\frac{p\pi}{W_{eff}^{siw}}\right)^2} \tag{3.1}$$

式中，$m = 1, 2, \cdots$；$n = 1, 2, \cdots$；$p = 1, 2, \cdots$；$\mu = \mu_0 \mu_r$ 为介质板的磁导率，$\varepsilon = \varepsilon_0 \varepsilon_r$ 为介质板的介电常数；h 为 SIW 谐振腔厚度。等效长度 L_{eff}^{siw} 和 W_{eff}^{siw} 计算公式如下：

$$L_{eff}^{siw} = L_c - 1.08 \frac{D_{siw}^2}{P_{siw}} + 0.1 \frac{D_{siw}^2}{L_c}$$

$$W_{eff}^{siw} = W_c - 1.08 \frac{D_{siw}^2}{P_{siw}} + 0.1 \frac{D_{siw}^2}{W_c} \tag{3.2}$$

式中，L_c 和 W_c 分别为 SIW 矩形谐振腔的长度和宽度；D_{siw} 和 P_{siw} 分别为通孔直径和相邻通孔之间的间距，D_{siw} 和 P_{siw} 满足（$D_{siw}/P_{siw} \geqslant 0.5$，$D_{siw}/\lambda_0 \leqslant 0.1$（$\lambda_0$ 是较低谐振频率处的波长））的关系，最大限度地减少空腔的能量泄漏。此外，由于 SIW 剖面相对于宽度较小，因此在 SIW 中只有 TE_{m0p} 模式可以谐振，因此 $n = 0$。受到两个开放边缘的电场影响，QMSIW 的谐振频率与对应的 SIW 谐振腔在相应模式下的频率相比有所偏移。为了简单起见，这里分析的是 HMSIW 的等效宽度，并且很容易扩展到 QMSIW 结构，HMSIW 的等效宽度为：

$$W_{eff}^{HMSIW} = W_{eff}^{siw}/2 + \Delta W \tag{3.3}$$

式中，W_{eff}^{siw} 为相应原始 SIW 结构等效宽度；ΔW 为额外的宽度，同时可以根据非线性最小二乘法来估计[42]：

$$\Delta W = h \times \left(0.05 + \frac{0.30}{\varepsilon_r}\right) \times \ln\left(0.79 \frac{W_{eff}^{siw}}{4h^3} + \frac{52 W_{eff}^{siw} - 261}{h^2} + \frac{38}{h} + 2.77\right) \tag{3.4}$$

因此，QMSIW 谐振器的 TE_{m0p} 模式的谐振频率可以根据以下公式来估计[73]：

$$f_{mnp}^{QMSIW} = \frac{1}{2\pi\sqrt{\mu\varepsilon}}\sqrt{\left(\frac{m\pi}{2L_{eff}^{QMSIW}}\right)^2 + \left(\frac{p\pi}{2W_{eff}^{QMSIW}}\right)^2} \qquad (3.5)$$

式中，$m = p = 1，2，\cdots$。QMSIW 的等效宽度 W_{eff}^{QMSIW} 和等效长度 L_{eff}^{QMSIW} 计算公式如下：

$$W_{eff}^{QMSIW} = W_{eff}^{HMSIW}$$
$$L_{eff}^{QMSIW} = L_{eff}^{HMSIW} \qquad (3.6)$$

紧接着在贴片上刻蚀条带形缝隙形成天线 3，也就是所设计的天线单元。为了探索天线单元的工作原理，图 3.3 给出了所设计天线单元在 2.53 GHz 和 2.6 GHz 工作时的仿真表面电流分布。可以观察到当天线在 2.53 GHz 工作时，表面电流集中分布在辐射体右下部分，而当天线在 2.6 GHz 工作时，表面电流集中分布在整个贴片。这表明天线单元的低频段是由八分之一模式引起的，而四分之一模式主要影响高频段谐振。如图 3.2 中的天线 3。在我们提出的天线结构中，QMSIW 作为馈电腔，而八分之一模式腔则作为寄生结构出现，也就是说只有 QMSIW 被馈电端口所激励。同时由于强耦合的结果，八分之一模式腔反过来被 QMSIW 激励。通过仔细调整八分之一模式和 QMSIW 的尺寸及优化它们之间的耦合，可以使不同的谐振频率接近从而实现增强天线带宽的目的。首先通过式 (3.1)~式 (3.6)，根据所需的频率范围确定小型化 SIW 腔体的尺寸；其次，对条带缝隙的位置及宽度等参数合理优化，以便控制两个模式之间的耦合及谐振频率距离；最终在设置频带内实现模式叠加。值得注意的是，通过利用模式叠加技术，天线的尺寸并没有改变但是工作带宽却得到了大幅的提升。

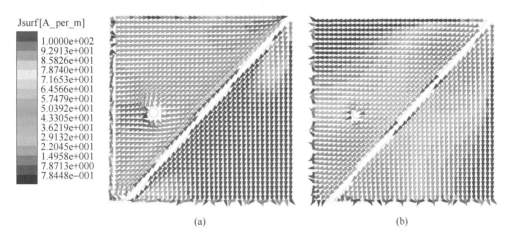

图 3.3　天线单元表面电流分布
(a) 2.53 GHz；(b) 2.6 GHz

　　如图 3.4 所示，通过多模式的引入，天线的工作带宽得到了较大的提升，工作带宽由 20 MHz（2.49 ~ 2.51 GHz）增加到 120 MHz（2.5 ~ 2.62 GHz）。为了更好地分析条带形缝隙对天线的影响，对缝隙的参数进行分析，如图 3.5(a) 所示，随着缝隙宽度 W_1 增加，低频的谐振点逐渐向高频靠拢，而高频基本保持不变。这说明缝隙宽度改变并没有影响天线本身的辐射模式，仅仅对附加模式也就是八分之一模式起调节作用，通过选取适当的 W_1 值就可以调整工作带宽。图 3.5(b) 给出了缝隙边缘距离 L_5 随频率变化曲线，随着 L_5 的增大，两个谐振点均向中间靠拢并且阻抗特性变好。这说明缝隙改变了原有的电流分布，随着 L_5 增大，右下部分的三角形尺寸变小，谐振频率上升，所以低频向高频偏移，这也印证了图 3.5(a) 中低频谐振点是由附加模式产生的推论。此外，L_5 的变化也造成了左边三角形变化，从而改变了表面电流的长度，影响了高频模式的谐振频率。通过观察 L_5 的变化规律，最终选取 $L_5 = 1.8$ mm。

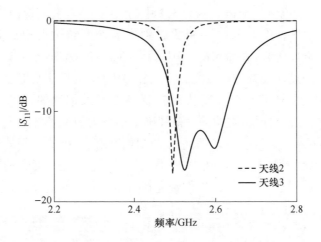

图 3.4　不同天线单元 S 参数对比曲线

3.2.2　QMSIW 阵列设计

　　图 3.6 给出了天线阵列的结构图，阵列由 4 个单元顺序旋转 90°组成，相邻单元之间共享金属化通孔，这样可以简化设计同时实现小型化。在之前的研究工作中发现对于 SIW 谐振腔天线，金属化通孔边缘可以等效为电壁，因此，相邻的单元之间由金属通孔相互隔离，电流被抑制在各自的腔内并不会对其他单元造成较大影响，所以单元之间的互耦较低。这样的布局对于简化设计流程，实现天线小型化具有积极的影响。与单元结构相同，天线阵列由单层介质板和两层金属面构成，贴片刻蚀在厚度为 1.5 mm 的 F4B 介质板的正面，介质板的底面是金属地

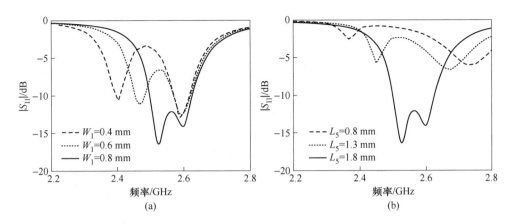

图 3.5　S 参数随不同参数变化曲线

（a）S 参数随 W_1 变化；（b）S 参数随 L_5 变化

板。天线采用同轴馈电的方式，4 个馈电端口分别是端口 1、端口 2、端口 3 和端口 4。为了实现多波束特性，采用功分器和相移网络辅助天线馈电。

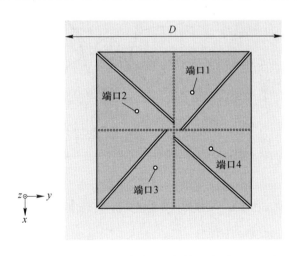

图 3.6　天线阵列的结构示意图

为了进一步验证设计的正确性，加工天线实物并进行测试。图 3.7 为天线的实物图及测试环境，阵列的 S 参数由一台 AV3672B 矢量网络分析仪进行测量，远场特性在标准暗室中进行测试。图 3.8 给出了 S 参数随频率变化的仿真和实测曲线，从图中可以看出，天线阵列的仿真工作带宽为 170 MHz（2.5 ~ 2.67 GHz），而实测的带宽比仿真的略宽，为 190 MHz（2.49 ~ 2.68 GHz）。实测带宽比仿真带宽略宽的原因可能是焊点的影响和加工误差导致。在工作频带内，相邻单元之间的耦合（S_{12}、S_{14}）基本大于 15 dB，说明相近单元之间的相互影响较小，组阵之后不会降低天线整体性能，验证了共用金属通孔设计的可行性。

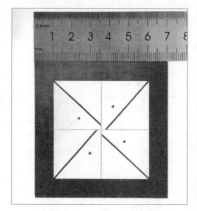

图 3.7　天线的实物及测试环境

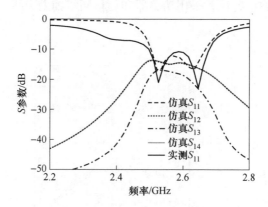

图 3.8　天线阵列 S 参数的仿真和实测曲线

3.2.3　波束可重构特性

3.2.3.1　可重构原理

通过对 4 个端口的相位和幅度控制，可以实现天线在 19 种不同状态波束的调控。天线总辐射波束一共分为 4 种类型。第一类是倾斜波束，包括分布于 4 个不同空间象限的 4 个单馈型波束，以实现小角度的波束控制；分布于 4 个不同空间象限的 8 个多馈型波束，实现上半空间的波束控制。地面边缘与来自天线腔体场的相互作用促使倾斜波束的形成。另外，金属通孔阻挡了电流流向贴片的其他部分，当只有一个端口被激发时，电流集中在贴片的边缘，边缘电流与地平面的侧边相互作用产生天线耦合场，从而产生了一个倾斜的远场波束。第二类是双波束形式，具体为 4 种波束形式，分别是 x 轴、y 轴和两条对角线实现双波束覆盖。第三类是多波束形式，包含一个环形波束和一个四波束。第四类是轴向波束，在 $+z$ 方向上实现高增益天线阵列。

19 种状态波束的各端口幅度和输入的相位及波束的数量见表 3.2，其中馈（180）代表此端口馈电，输入相位 180°，空白表示该端口不馈电。从表 3.2 中可以看到，当 3 个端口同时等相位馈电，也就是状态 1~状态 4，波束指向分别是 4 个对角线的方向。当 2 个相邻的端口同时等相位馈电，也就是状态 5~状态 8，波束指向分别是 $\pm x$ 方向和 $\pm y$ 方向。这 8 种状态共同组成了一组空间调控波束，如图 3.9 所示。当单端口等相位馈电，也就是状态 16~状态 19，波束指向也是 4 个对角线方向。但是对比状态 1~状态 4，空间波束的偏折角度较小，可以实现小角度的波束调控。

表 3.2　天线阵列 19 种状态的端品幅度、相位及波束数量

状　态	相位差/(°)				波束数量
	端口 1（馈）	端口 2（馈）	端口 3（馈）	端口（馈）	
状态 1	0	0	0		1
状态 2	0	0		0	1
状态 3	0		0	0	1
状态 4		0	0	0	1
状态 5	0	0			1
状态 6	0			0	1
状态 7			0	0	1
状态 8		0	0		1
状态 9	0		0		1
状态 10		0		0	1
状态 11	90	0	90	0	2
状态 12	0	90	0	90	2
状态 13	0	0	0	0	环
状态 14	0	180	0	180	4
状态 15	0	180	180	0	1
状态 16	0				1
状态 17		0			1
状态 18			0		1
状态 19				0	1

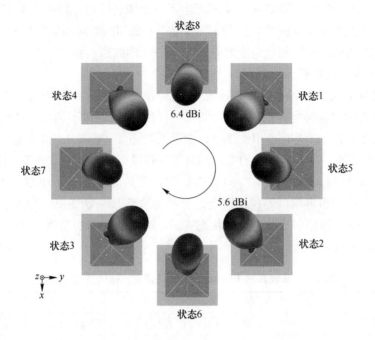

图 3.9　天线阵列状态 1 ~ 状态 8 的 3D 方向图

3.2.3.2　倾斜波束

如图 3.6 所示，天线单元分布在阵列 4 个角上。因此，当某一个端口馈电工作，边缘电流的分布将影响天线的波束指向，从而实现了在 4 个不同空间象限的 4 个倾斜波束。通过类似的方式，同一天线使用三端口馈电方式可以获得 4 个不同空间象限的 4 个倾斜波束，即状态 1 ~ 状态 4。当相邻的端口同时馈电时，表面电流将集中在某一半空间，波束将指向相反的轴向方向，以状态 5 为例，在 + y 方向的两个端口同时馈电，由于波束的叠加，整个波束指向 - y 方向。综上所述，状态 1 ~ 状态 8 可以实现上半空间的波束控制。为了更好地体现波束的指向性，天线的 3D 模式用实际值来表示。

图 3.9 给出了状态 1 ~ 状态 8 的 3D 方向图，其中状态 1 ~ 状态 4 的峰值增益为 5.6 dBi，状态 5 ~ 状态 8 峰值增益为 6.4 dBi，8 种状态共同实现了天线在空间中的波束调控，作为典型代表，选取状态 1 和状态 5 进行分析。图 3.10 给出了状态 1 的 E 面和 H 面方向图，参考图 3.9 为状态 1 天线波束方向为 (x, - y) 方向。如图 3.10(a) 所示，天线最大辐射方向为 34°方向，同时在图 3.10(b) 中，天线最大辐射方向为 - 28°方向，实现了预定的波束指向。图 3.11 给出了状态 5 的 E 面和 H 面方向图，状态 5 天线波束方向为 (0, - y) 方向，同时，在 0°和 - 28°方向的最大辐射方向上，实现了预定的波束指向。以上仿真结果和实

测结果相吻合度较高。

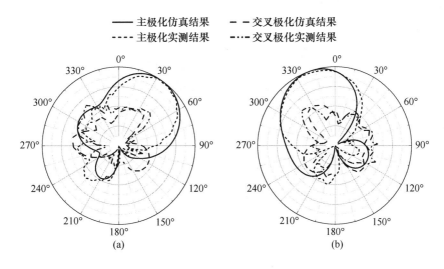

图 3.10　状态 1 的 E 面 (a) 和 H 面 (b) 方向图

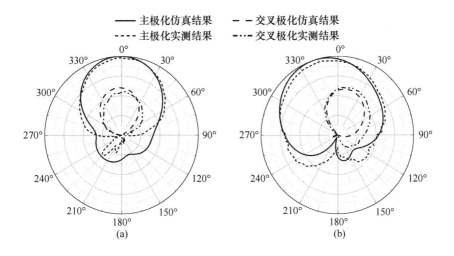

图 3.11　状态 5 的 E 面 (a) 和 H 面 (b) 方向图

　　图 3.12 给出了状态 16～状态 19 的 3D 方向图，峰值增益为 5.8 dBi，4 种状态共同实现了天线在空间的小角度波束调控，作为代表，选取状态 16 进行分析。图 3.13 给出了状态 16 的 E 面和 H 面方向图，参考图 3.12，状态 16 天线波束方向为（−x，−y）方向。图 3.13(a) 中天线最大辐射方向为 −20° 方向，而在图 3.13(b) 中天线最大辐射方向为 −20° 方向，实现了预定的波束指向。与状态 2

相比，状态 16 波束偏折角度小，在小角度方面实现了波束调控，在实际应用中更能发挥多功能天线的作用。

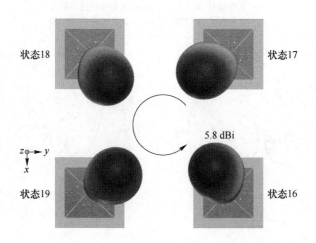

图 3.12　天线阵列状态 16～状态 19 的 3D 方向图

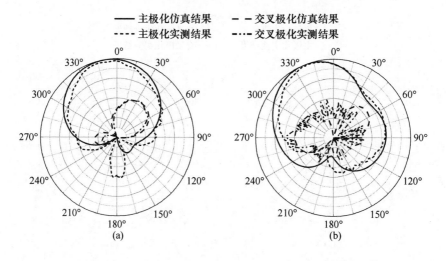

图 3.13　状态 16 的 E 面（a）和 H 面（b）方向图

3.2.3.3　双波束

通过选择端口和相位差，使用双馈电的天线可以产生两个双波束，由于边缘电流的影响，当相对的端口同时工作时，如端口 1 和端口 3，波束的叠加将在对角线方向上产生双波束（状态 9 和状态 10）。图 3.14 描述了状态 9 和状态 10 的天线阵列 3D 方向图，其峰值增益为 3.6 dBi。两种状态分别在（$-x$，$-y$）、（x，

y）和（x, $-y$）、（$-x$, y）两个对角线方向形成了双波束辐射特性。作为代表，选取状态 10 进行分析，图 3.15 给出了状态 10 的 E 面和方位面辐射图，天线波束方向分别位于（x, $-y$）方向和（$-x$, y）方向。图 3.15(a) 中天线最大辐射方向为 ±45°方向，图 3.15(b) 中天线最大辐射方向为 ±135°方向，实现了预定的波束指向。

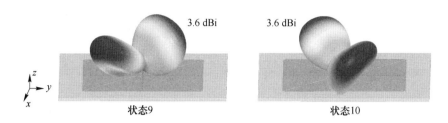

图 3.14 天线阵列状态 9 和状态 10 的 3D 方向图

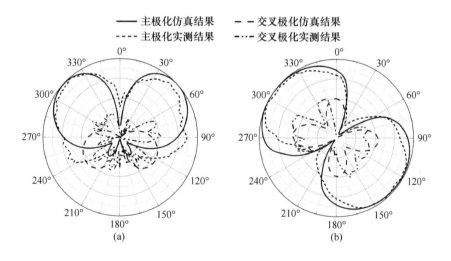

图 3.15 状态 10 的 E 面（a）和方位面（b）方向图

与上面提到的双波束理论不同，当 4 个端口共同激励时，将在 ±x 方向和 ±y 方向产生双波束。这些单元相差 90°放置，相应的端口需要进行 90°相位补偿，这就符合了波束的叠加原理。图 3.16 显示了状态 11 和状态 12 的天线阵列的 3D 方向图，峰值增益为 5.3 dBi。这两种状态分别在 ±y 方向和 ±x 方向产生双波束辐射特性。作为代表，选取状态 11 进行分析，状态 11 的 E 面和方位面辐射模式如图 3.17 所示。结合图 3.16 可知，状态 11 的天线波束方向是 ±y 方向。最大辐射方向为 60°波束方向，实现了预定的波束指向。

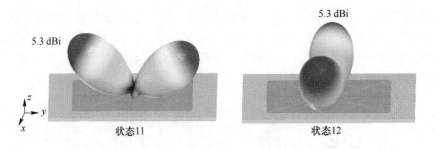

图 3.16　天线阵列状态 11 和状态 12 的 3D 方向图

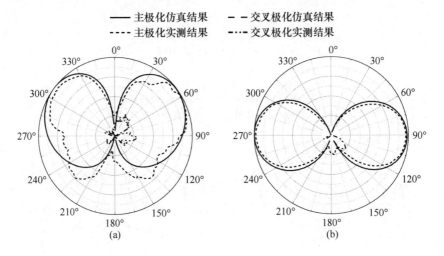

图 3.17　状态 11 的 E 面（a）和方位面（b）方向图

3.2.3.4　环形波束和四波束

当 4 个端口同时馈电，通过选择相位补偿可以实现四波束辐射和一个环形波束。图 3.18 给出了状态 13 的 3D 方向图，峰值增益为 1.1 dBi，在方位面形成了环形波束。图 3.19 给出了状态 13 的 E 面和方位面方向图，在图 3.19（a）中最大辐射方向为 60°方向，在图 3.19（b）中为全向辐射。图 3.20 给出了状态 14 的 3D 方向图，峰值增益为 3.9 dBi，形成了四波束辐射。图 3.21 给出了状态 14 的 E 面和方位面方向图。最大辐射方向为图 3.21（a）所示的 52°方向和图 3.21（b）所示的 $\pm x$ 方向和 $\pm y$ 方向，实现了预定的波束指向。

图 3.22 给出了状态 13 和状态 14 的仿真表面电流分布。可以看到，天线的表面电流沿顺时针方向流动，在状态 13 中形成圆环。因此，天线的辐射模式是环形的，这在图 3.18 中得到了相互验证。在状态 14 中，4 个象限的电流方向是

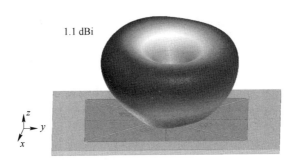

1.1 dBi

图 3.18　天线阵列状态 13 的 3D 方向图

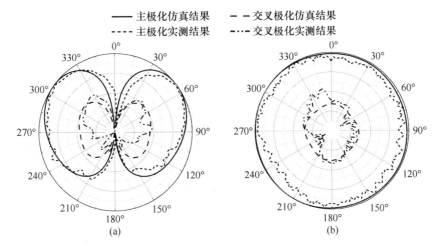

——— 主极化仿真结果　　－ － 交叉极化仿真结果
········ 主极化实测结果　　－·· 交叉极化实测结果

(a)　　　　　　　　　(b)

图 3.19　状态 13 的 E 面（a）和方位面（b）方向图

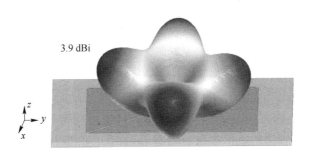

3.9 dBi

图 3.20　天线阵列状态 14 的 3D 方向图

不同的，没有形成环形。因此，辐射方向是 $\pm x$ 方向和 $\pm y$ 方向，在图 3.20 中相互验证。

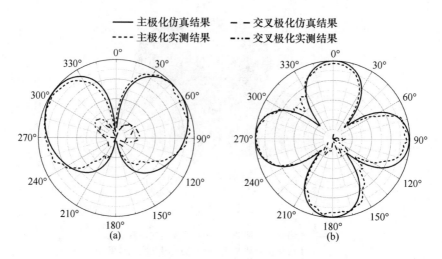

图 3.21　状态 14 的 E 面（a）和方位面（b）方向图

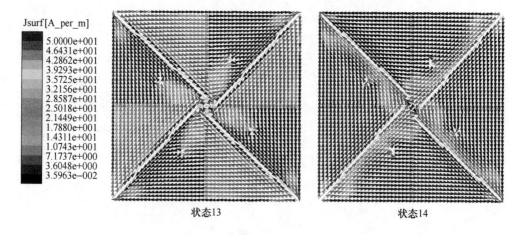

图 3.22　状态 13 和 14 的仿真表面电流分布

3.2.3.5　轴向波束

通过选择相邻端口的相位补偿，4 个端口同时激励时可以实现轴向波束。状态 15 的天线阵列 3D 方向图如图 3.23 所示，峰值增益为 7.7 dBi。实现了波束聚焦，辐射方向为 z 轴上的笔形波束。图 3.24 显示了状态 15 的 E 面和 H 面辐射方向图，由图可知，天线最大辐射方向均为 0°方向。表 3.3 对比了本节设计的天线与报道中其他天线的性能。本节提出的天线优势在于可以获得更多的波束，以实现图案可重构的灵活性。此外，在保持简单结构的情况下，还能产生小角度的波束控制。

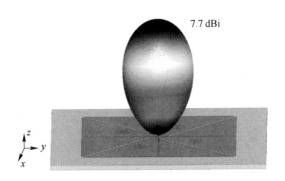

7.7 dBi

图 3.23 天线阵列状态 15 的 3D 方向图

—— 主极化仿真结果   – – 交叉极化仿真结果
---- 主极化实测结果   -·- 交叉极化实测结果

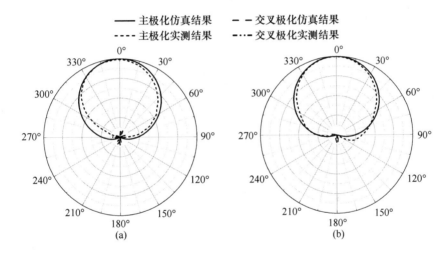

图 3.24 状态 15 的 E 面（a）和 H 面（b）方向图

表 3.3 所设计天线与其他多波束天线的性能比较

文献	频率/GHz	波束数目	尺寸（λ_0^3）	倾斜角度/（°）	增益/dBi
[3]	2.2	21	ϕ1.46 mm×0.29 mm	—	4.5～6.7
[170]	2.4	4	0.8 mm×0.8 mm×0.05 mm	36	5.34
[171]	5	10	1 mm×1.11 mm×0.18 mm	40	约8
[172]	30	3	5.7 mm×1.68 mm×0.08 mm	40	8～10.2
[47]	2.4	12	0.8 mm×0.8 mm×0.01 mm	30～43	5.7～8.2
[173]	28	9	约10 mm×3 mm×0.05 mm	28～42	11.2～13.9
本节	2.6	19	0.6 mm×0.6 mm×0.01 mm	20～34	1.1～7.7

3.3　基于 QMSIW 的共口径多频圆极化天线阵列设计

3.2 节中改进型 QMSIW 单元及共享金属通孔进一步实现小型化的设计思路具有可推广性。为检验其适用性，本节设计了一款应用于 sub-6 频段的小型化三频圆极化天线阵列。单元按照顺序旋转的方式排布实现圆极化的设计，同时超构表面的引入进一步展宽了天线子阵的工作带宽。

3.3.1　QMSIW 圆极化天线子阵设计与性能分析

3.3.1.1　QMSIW 天线子阵设计

将天线子阵 1 作为典型示例进行分析。图 3.25 给出了 QMSIW 圆极化天线子阵 1 的结构分解图和侧视图，子阵 1 由三层介质板和四层金属层构成，其中超构表面刻蚀在厚度为 1.5 mm 的上层介质板顶面，缝隙面和金属地板分别刻蚀在厚度为 1.5 mm 的中层介质板两面。馈电网络刻蚀在厚度为 0.6 mm 的下层介质板背面，馈线的终端通过金属探针与贴片连接进行馈电，上层介质板和中层介质板之间存在 1 mm 的空气层。以上所有的介质板均采用相对介电常数为 2.65 的 F4B 介质板。

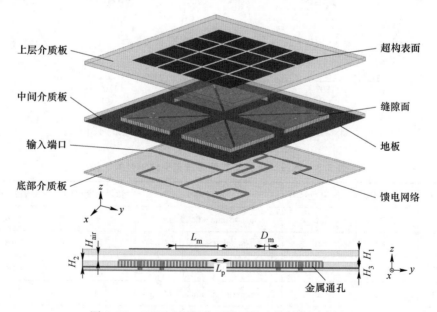

图 3.25　QMSIW 圆极化天线子阵 1 的结构示意图

如图 3.25 所示，4 个顺序旋转放置的改进形 QMSIW 单元组成了天线子阵 1 中的主辐射体，即中层介质板及刻蚀在其双面的金属面部分，对应的输入端口相位分别是 0°、90°、180°和 270°。所设计的 QMSIW 单元的结构图与图 3.1 相同，直径为 D_{siw}、间距为 P_{siw} 的金属化通孔连接贴片和地板，天线单元采取同轴线馈电的形式。

图 3.26 给出了天线子阵 1 的馈电网络结构示意图。由 50 Ω 和 70.7 Ω 组成的微带线分布于介质板的底面，介质板正面是金属地板，端口 2、端口 3、端口 4 和端口 5 的输入相位分别相差 90°，构成了顺序旋转圆极化阵列所需的馈电形式，相位角度差由 50 Ω 微带线的长度调节控制。值得说明的是端口 4 和端口 5 相比于端口 2 和端口 3 相差 180°，这个相位差由呈现 C 字形微带线的长度来调节。每个端口的金属探针与单元贴片相接，以保证天线子阵 1 的馈电。

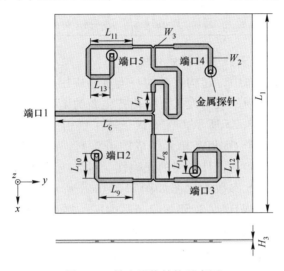

图 3.26 馈电网络结构示意图

图 3.27 给出了馈电网络的 S 参数幅度和相位随频率变化曲线。由图 3.27(a)

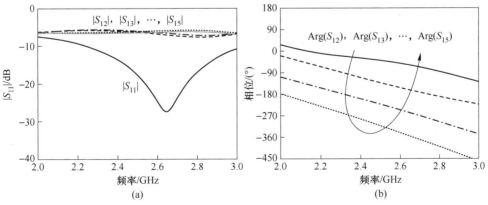

图 3.27 馈电网络 S 参数幅度和相位随频率变化曲线

(a) S 参数；(b) 相位

看出，馈电网络在 2.2 ~ 3 GHz 范围内 $S_{11} < -10$ dB，$S_{12} ~ S_{15}$ 幅度几乎相等。从图 3.27(b) 中看到在 2.5 GHz 附近频带内 4 个端口的相位差都在 90°附近，以上说明所设计的馈电网络满足天线子阵的设计需要。天线子阵 1 参数的具体数值见表 3.4。

表 3.4　天线子阵 1 各参数的值

参数	L_p	L_m	D_m	H_1	H_2	H_3	H_{air}	L_6	L_7
值/mm	6	11.6	1.2	1.5	1.5	0.6	1	37.5	7.2
参数	L_8	L_9	L_{10}	L_{11}	L_{12}	L_{13}	L_{14}	W_2	W_3
值/mm	17	13.2	11.1	16.3	9.8	7.5	8.1	1.66	0.9

3.3.1.2　QMSIW 天线子阵性能分析

在以往的研究工作中，超构表面的一类重要应用是扩展工作带宽。通过在原始主辐射体上附加新的辐射模式，进而产生新的谐振频点，最终达到增加工作带宽的目的。如图 3.25 所示，在天线子阵 1 中引入的超构表面结构位于上层介质板顶面，由 4 个 QMSIW 单元组成的子阵列，可以进一步增加天线的工作带宽。为了进一步验证设计思路的正确性，对天线子阵 1 进行了加工测试和分析。天线子阵 1 的 S 参数对比图如图 3.28(a) 所示，加载超构表面之后天线工作带宽由 140 MHz（2.53 ~ 2.67 GHz）增加到 290 MHz（2.42 ~ 2.71 GHz），并且可以清楚地看到由超构表面结构引入的谐振点主要影响低频性能。实测的工作带宽为 260 MHz（2.44 ~ 2.70 GHz），实测 S 参数和仿真值差异较小，带宽的差异主要是由加工误差造成的。图 3.28(b) 给出了增益对比图，所设计的天线子阵 1 在整个频带范围内增益较为稳定，对比未加载超构

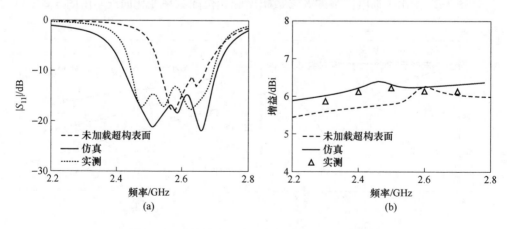

图 3.28　天线子阵 1 不同参数的仿真和实测曲线

(a) S 参数；(b) 增益

表面的天线，所设计的天线在低频段增益有较大程度的提升，而在共有频段的增益提升有限。这是因为超构表面引入了新的谐振点扩展了低频的工作带宽，从而提高了增益，而高频段增益并没有较大的变化，说明超构表面的作用主要体现在增加工作带宽方面。

天线子阵 1 轴比曲线和工作在 2.5 GHz 的仿真和实测曲线如图 3.29 所示，从图 3.29(a) 可知，天线在 2.43 ~ 2.65 GHz 范围内轴比小于 3 dB，符合圆极化辐射条件。图 3.29(b) 给出了子阵 1 在 2.5 GHz 时的增益仿真和实测曲线，可以看到仿真和实测吻合度较好，交叉极化（RHCP）较低，圆极化特性较好。

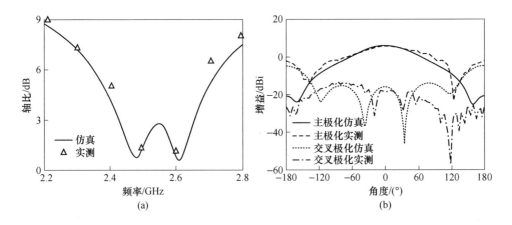

图 3.29 天线子阵 1 轴比和增益的仿真和实测曲线

(a) 轴比；(b) 增益

以上讨论了工作在 sub-6 频段中 n41 频段（2515 ~ 2675 MHz）的天线子阵 1。本小节设计的三频天线阵列由在 n41（2515 ~ 2675 MHz）频段工作的子阵 1、在 n78（3400 ~ 3500 MHz/3500 ~ 3600 MHz）频段工作的子阵 2 和在 n79（4800 ~ 4900 MHz）频段工作的子阵 3 合并组成，对天线子阵 2 和子阵 3 的设计思路与子阵 1 相同，通过参数调整完成相应设计。

天线子阵 2 的 S 参数对比图如图 3.30(a) 所示，加载超构表面之后，天线工作带宽由 310 MHz（3.51 ~ 3.82 GHz）增加到 440 MHz（3.38 ~ 3.82 GHz），实测的工作带宽为 400 MHz（3.37 ~ 3.77 GHz）。图 3.30(b) 给出了天线子阵 2 工作在不同状态下的增益对比图，天线子阵 2 在整个频带范围内增益较为稳定，相比于未加载超构表面天线，所设计的天线在低频段增益有较大程度的提升。而在共有频段的增益提升有限，以上 S 参数和增益的变化趋势与子阵 1 相同，进一步说明了超构表面对于工作带宽的提升效果和增益提升的有限性。天线子阵 2 左旋圆极化辐射、轴比和在 3.5 GHz 工作时的平面方向图如图 3.31 所示。从图 3.31(a)

可知，天线在 3.4 ~ 3.64 GHz 范围内轴比小于 3 dB，符合圆极化辐射条件。图 3.31(b)给出了子阵 2 在 3.5 GHz 时的平面方向图，可以看到仿真和实测结果吻合度较好，圆极化特性较好。

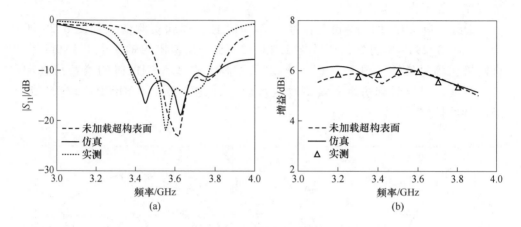

图 3.30　天线子阵 2 不同参数的仿真和实测曲线

（a）S 参数；（b）增益

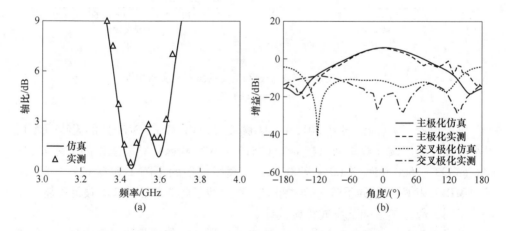

图 3.31　天线子阵 2 轴比和增益的仿真和实测曲线

（a）轴比；（b）增益

同理，图 3.32 给出了加载超构表面和未加载超构表面的天线子阵 3 的仿真和测量结果。从图 3.32(a) 中可以清楚地看到，当引入超构表面时，天线工作带宽从 420 MHz（4.59 ~ 5.01 GHz）拓宽到 600 MHz（4.39 ~ 4.99 GHz），实测的工作带宽为 560 MHz（4.38 ~ 4.94 GHz），与仿真结果显示出良好的一致性。图 3.32(b) 给出了增益对比图，天线子阵 3 在整个频带范围内增益较为稳定，

同时实现了左旋圆极化辐射，轴比带宽从 4.46 GHz 到 4.8 GHz，如图 3.33(a)
所示。图 3.33(b) 中给出了子阵 3 在 4.8 GHz 工作时的仿真和增益测量曲线，
获得了良好的一致性，显示了其良好的圆极化特性。

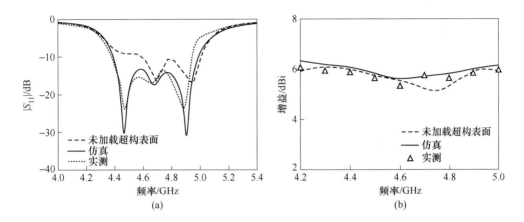

图 3.32 天线子阵 3 不同参数的仿真和实测曲线

(a) S 参数；(b) 增益

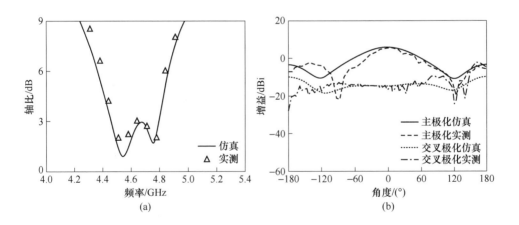

图 3.33 天线子阵 3 轴比和增益的仿真和实测曲线

(a) 轴比；(b) 增益

3.3.2 QMSIW 圆极化天线阵列设计及实物的性能测试

由以上分析可知，对于 QMSIW 天线来说金属通孔边缘相当于电壁，其相邻
单元之间的耦合必然会很小。考虑到 sub-6 天线阵列尺寸的限制，为了进一步实
现天线的小型化，在相邻子阵之间引入共享金属通孔的设计。天线阵列结构如

图 3.34 所示，与子阵结构相同，天线阵列由三层介质板和四层金属层组成。3
个子阵按照三角形放置，中间相邻的单元共享金属通孔，以达到减小天线整体尺
寸的目的。为了进一步验证设计思路的正确性，对天线阵列进行了加工测试和分
析，天线阵列的实物和测试环境如图 3.35 所示。

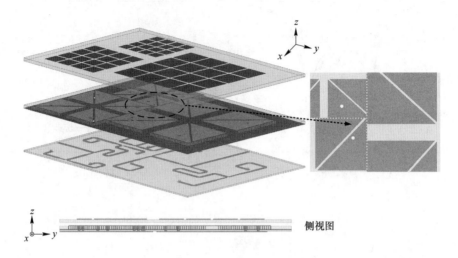

图 3.34　天线阵列结构示意图

图 3.35　天线阵列实物和测试环境

天线阵列的 S 参数对比图如图 3.36 所示，可以看到与子阵相比，整体天线
阵列的 S_{11} 并没有较大变化，同时仿真 S_{12}、S_{13} 和 S_{23} 在整个频带范围内均小于
$-20\ dB$，说明了共享金属通孔设计思路的正确性。虽然 3 个子阵之间的距离较
近，但是相互之间的耦合较小，独立性较强，天线的仿真/实测工作带宽分别为

250 MHz（2.46~2.71 GHz）/230 MHz（2.49~2.72 GHz）、410 MHz（3.39~3.80 GHz）/360 MHz（3.40~3.76 GHz）、710 MHz（4.37~5.08 GHz）/700 MHz（4.32~4.92 GHz）。

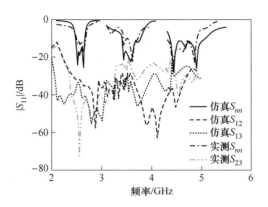

图 3.36　天线阵列 S 参数的仿真和实测曲线

　　图 3.37 给出了天线阵列轴比和增益随频率变化曲线，仿真和测试值吻合度较高。天线的轴比带宽较宽且均包含在阻抗频带内，分别为 220 MHz（2.46~2.68 GHz）、280 MHz（3.4~3.68 GHz）和 410 MHz（4.42~4.83 GHz）。天线阵列的增益曲线变化趋势与 3 个子阵增益的变化趋势相同，并且都维持在较为平稳的状态，充分说明了共享金属通孔的设计不仅对于工作频带的影响较小，而且对于天线辐射特性的影响也在可控范围内。阵列在 2.5 GHz 频带内增益从 5.9 dBi 逐渐上升到 6.4 dBi，在 3.5 GHz 频带内增益从 6.2 dBi 逐渐下降到 5.5 dBi，在 4.8 GHz 频带内增益范围从 5.7 dBi 到 6.3 dBi，3 个频带内的增益变化范围均小于 0.7 dBi，反映出天线阵列在 3 个频带内的增益维持在较为平稳的水平上。

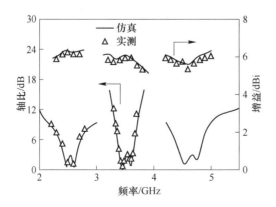

图 3.37　天线阵列轴比和增益随频率变化曲线

　　图 3.38 分别给出了天线阵列工作在 2.5 GHz、3.5 GHz 和 4.8 GHz 时仿真和实测的平面方向图，由图中可知仿真和实测值相似度较高，交叉极化（RHCP）都维持在较低的水平上。和其他天线的对比结果见表 3.5。

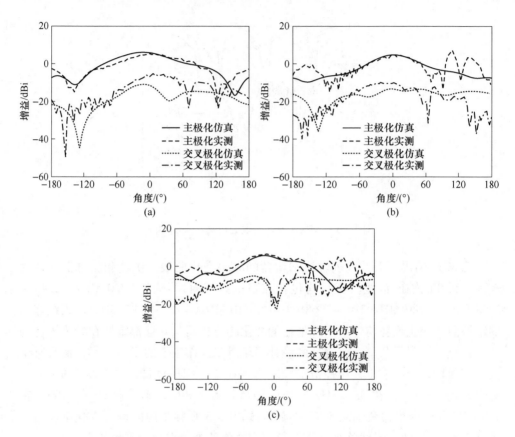

图 3.38　天线阵列工作在不同频点的仿真和实测平面方向图
(a) 2.5 GHz；(b) 3.5 GHz；(c) 4.8 GHz

表 3.5　所设计天线与其他共口径多频天线的性能比较

文献	频率/GHz	带宽/%	增益/dBi	极化	尺寸(λ_0^3) /mm × mm × mm
[174]	2；3.5；5.2	11.2；5.14；3.9	1.7；1.85；5.38	CP；LP；LP	0.27 × 0.33 × 0.01
[175]	2.4；3.5；5.3；5.8	15.2；79.3	5.95；6.92；6.37；6.07	CP；CP；CP；CP	1.06 × 1.06 × 0.26
[92]	3.6；25.8	23.45；4.8	10.88；22.4	VP；VP	约 1.08 × 1.08 × 0.08

文献	频率/GHz	带宽/%	增益/dBi	极化	尺寸(λ_0^3) /mm × mm × mm
[176]	6.53；7.65； 9.09	4；4；4	3.68；4.76； 4.54	LP；LP；LP	0.7 × 0.6 × 0.03
[177]天线Ⅱ	8.8；10.3； 11.3；12.2	3；3.6；4.6； 5.2	6.7；6.4； 5.4；6.8	CP；CP； CP；CP	约 1.32 × 1.32 × 0.02
本节	2.5；3.5；4.8	10；11.7；14.8	6.4；6.2；6.3	CP；CP；CP	0.92 × 0.63 × 0.04

3.4 基于 SIW 的小频比高隔离度紧凑型
四馈自多工天线设计

自多工天线无需使用复杂的馈电网络，从而减小了射频模块的整体尺寸。同时，QMSIW 技术可以进一步促进天线小型化发展，但由于天线间距较小，导致单元之间的耦合通常较差，且现有的许多双工天线频率相对较高，所以利用频率隔离来增强耦合。然而，当多频天线工作在相近频率时，即在设计多频小频比天线时，单元间的耦合抑制仍是一个有待解决的问题。本节提出了一种基于 SIW 的紧凑型自四工天线，通过十字形缝隙将天线分成 4 个不同独立调整的 QMSIW，通过调整缝隙的位置和应用频率间隔来优化天线的布局，增加相邻单元的频率比，实现小频率比下的高隔离度设计。

3.4.1 宽带 SIW 自多工天线设计与优化

自多工天线结构示意图如图 3.39 所示。标准 SIW 腔天线由一块介电常数为 2.65、厚度为 H_1 的 F4B265 的介质板和双层金属面构成。辐射体刻蚀在介质板正面，一条十字形缝隙刻蚀在 SIW 腔体的中间，等效形成了 4 个不同尺寸的 QMSIW。与介质板同样尺寸的金属地板刻蚀在介质板的背面。平面上位于不同象限的 4 个微带馈电线沿 4 个方向放置。SIW 腔周围有直径为 D_{siw}、间距为 P_{siw} 的金属通孔。这些金属通孔穿过介质板，将辐射贴片连接到地，并满足 $D_{siw}/P_{siw} \geq 0.5$ 和 $D_{siw}/\lambda_0 \leq 0.1$ 的要求。参数的具体数值见表 3.6。

表 3.6 本节所设计的天线中各参数的值

参数	L_1	L_2	L_3	L_4	L_5	L_6	L_7	L_8	W_1
值/mm	38	36	5	45.8	12.2	13.8	13.5	13.2	1.6
参数	W_2	W_3	W_4	W_5	W_6	D_{siw}	P_{siw}	D_1	G_1	H_1
值/mm	1.4	1.8	1.8	1	1	1	1.65	3	0.5	0.8

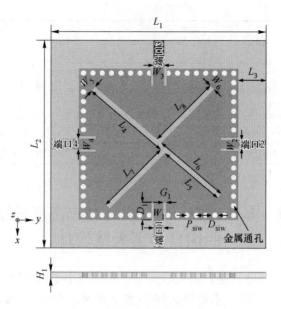

图 3.39　自多工天线结构示意图

　　图 3.40 给出了由 4 个端口分别馈电的天线在 4 个工作波段的表面电流分布图。从图中可以看出，当端口 1 馈电时，由于缝隙的阻挡，电流被束缚在 SIW 腔的下半部分，对其他 3 个部分的影响不大。同样，当端口 2、3、4 单独馈电时，表面电流也同样被束缚在相应区域内。这表明 4 个单元隔离度良好，具备独立可调的工作特性。这也验证了我们前期设计的准确性。谐振频率的选择取决于腔体的大小。

　　自多工天线的演变进化过程如图 3.41 所示。天线 1 是以 TE_{110} 模式工作的标准 SIW 谐振腔。当两个端口分别馈电时，该天线在相同频段分别实现水平极化和垂直极化。如图 3.42(a) 所示，天线 1 的谐振频率为 5.3 GHz，但端口之间的隔离度很差，仅为 2.3 dB。在 SIW 腔的中心蚀刻一条倾斜缝隙，便形成了天线 2。

3.4.2　高隔离度原理分析

　　天线 2 相当于将全模 SIW 分为两个 HMSIW，每个 HMSIW 对应各端口馈电。根据 SIW 腔模式理论，HMSIW 和 QMSIW 与 SIW 腔的工作模式相同，都是 TE_{110}，因此谐振频率相同。但是 HMSIW 和 QMSIW 可将天线尺寸分别大幅缩小 50% 和 75%。因此，与天线 1 相比，天线 2 通过引入 HMSIW，在不改变天线尺寸的情况下实现了双频自双工天线的设计。如图 3.42(b) 所示，天线 2 分别在 5.12 GHz 和 5.5 GHz 两个频段工作。由于缝隙的边缘电流的抑制作用及频率之

(a)　　　　　　　　　　　(b)

(c)　　　　　　　　　　　(d)

图 3.40　天线单元表面电流分布
（a）4.8 GHz；（b）5.15 GHz；（c）5.5 GHz；（d）5.8 GHz

间的相互隔离，单元之间的隔离度保持在 −20.3 dB。通过调整缝隙的位置和角度，可以实现谐振频率调制。在天线 2 的基础上，引入 T 形缝隙，相当于天线 3 是由一个 HMSIW 和两个 QMSIW 构成，每个 HMSIW 和 QMSIW 分别由 3 个端口馈电。如图 3.42（c）所示，天线 3 的工作频率分别为 5.12 GHz、5.32 GHz 和 5.5 GHz。与上述原理相同，相邻单元之间的隔离度很高，S_{12} 和 S_{23} 分别为 −20.9 dB 和 −32.6 dB，而单元 13 之间的耦合度偏弱，为 −14.1 dB。如图 3.41 所示，在天线 3 的基础上，引入十字形缝隙，形成天线 4，这就是我们所设计的天线。天线 4 相当于由 4 个 QMSIW 构成，每个 QMSIW 分别由 4 个端口馈电。其工作频率分别为 4.8 GHz、5.15 GHz、5.5 GHz 和 5.8 GHz。相邻单元之间的隔离度很高，S_{12}、S_{23}、S_{34} 和 S_{14} 分别为 36.6 dB、35.1 dB、35.5 dB 和 37.1 dB，相对单元 S_{13} 和 S_{24} 之间的耦合度分别为 −24.5 dB 和 −22.7 dB。

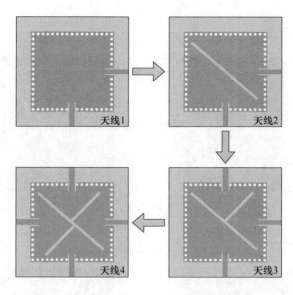

图 3.41　自多工天线演变进化过程

天线设计的目标是在保持高度隔离的同时，设计出四频工作的小频率比天线。由图 3.42 可知，随着天线的进化，各单元之间的耦合逐渐增大。由于天线单元之间的间距较小，同时谐振频率较近，因此单元之间的耦合较大。为了进一步降低单元间的耦合，我们通过改变十字槽的位置来优化天线布局。扩大相邻单元的谐振频率间隔，相当于提高了天线的工作频率比，达到了抑制耦合的目的。如图 3.42(d) 所示，单元 1 的谐振频率为 5.8 GHz。为了扩大单元 1 和单元 2 之间的频率比，单元 2 的谐振频率设计为 5.15 GHz。同时，将单元 3 的谐振频率设置在单元 1 和单元 2 谐振频率的中间，即 5.5 GHz。此时，可以注意到单元 1 和单元 2 之间的隔离度明显提高，从图 3.42(b) 中的 20.3 dB 提高到图 3.42(d) 中的 36.6 dB。同样，为了提高单元 3 和单元 4 之间的隔离度，将单元 4 的谐振频率设置为 4.8 GHz。此时，单元 2 的谐振频率（5.2 GHz）位于单元 3 和单元 4 的中间。相当于增大了单元 3 和单元 4 工作频率比，从而有效降低了单元 3 和单元 4 的耦合度，$S_{34} < -35.5$ dB。从图 3.41 和图 3.42 可以看出，由于采用了 QMSIW 设计，该天线在不增加尺寸的情况下实现了多频率、多功能设计。小型化设计已经完成。此外，还采用了频率间隔技术来提高单元之间的隔离度。

天线的某些参数对天线的性能有至关重要的影响。在其他参数不变的情况下，改变其中一个参数，天线的相关特性将呈现线性或非线性趋势。研究和分析这种趋势有助于加深对天线设计原理的理解，简化设计过程。下面，我们将研究一些有代表性的参数。分别以两个分支位置 L_4 和 L_6 的 S 参数作为代表进行分析。

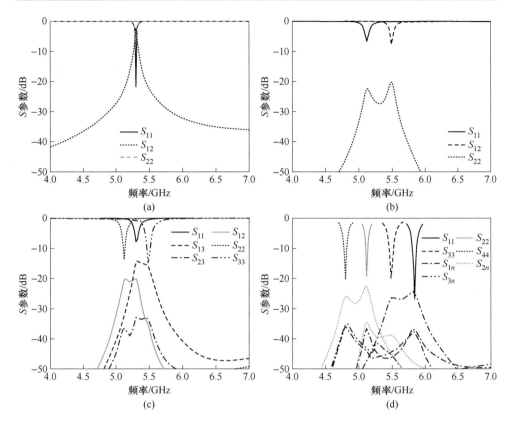

图 3.42 图 3.41 中天线 1～4 的 S 参数对比曲线

（a）天线 1；（b）天线 2；（c）天线 3；（d）天线 4

图 3.43 列出了 L_4 的 S 参数随频率变化曲线。随着 L_4 的增大，单元 1 的辐射面积减小，而单元 4 的辐射面积增大。此时，相应单元 1 的谐振频率增加，而单元 4 的谐振频率降低。图 3.43（a）和（b）反映了这一变化趋势。随着 L_4 的增大，相对单元之间的耦合不断减小，S_{13} 和 S_{14} 逐渐减小。这说明 L_4 位置的选择对单元间的耦合有很大影响。通过调整 L_4 的长度，可以改善相对单元之间的耦合。这是由于 L_4 的变化改变了相对单元边缘的电流分布。与此同时，L_4 增加，频率隔离效果明显。图 3.43（e）也显示了类似的特征。因此，为了在提高隔离度的同时实现设计小频率比的目的，最终选择 $L_4 = 15.8$ mm。与 L_4 相对应，L_6 的变化主要影响单元 2 和单元 3 的谐振频率，并对相对单元之间的耦合产生显著影响。分析原理和效果与 L_4 相似。图 3.44 给出了 L_6 的 S 参数随频率变化曲线。

3.4.3 天线实物的性能测试

为了证明设计的正确性，本节对天线进行样品加工并对其 S 参数和远场辐射

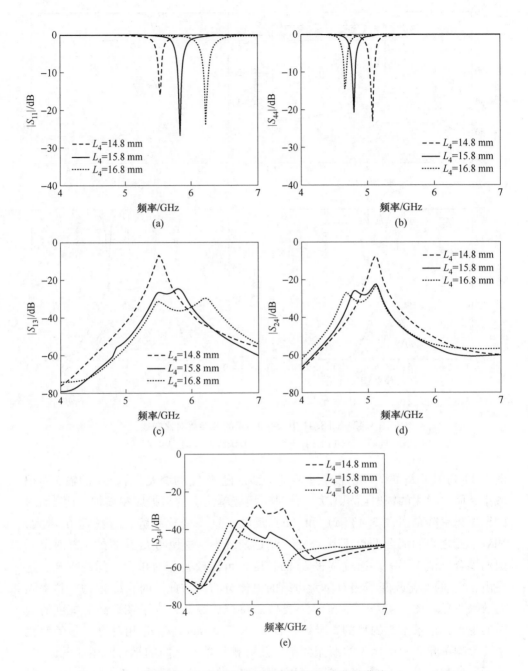

图 3.43　自多工天线的 S 参数随 L_4 变化的曲线

性能进行测试。图 3.45 给出了天线实物照片和测试环境，阵列的 S 参数和辐射特性分别由 AV3672B 矢量网络分析仪和微波暗室测量得到。

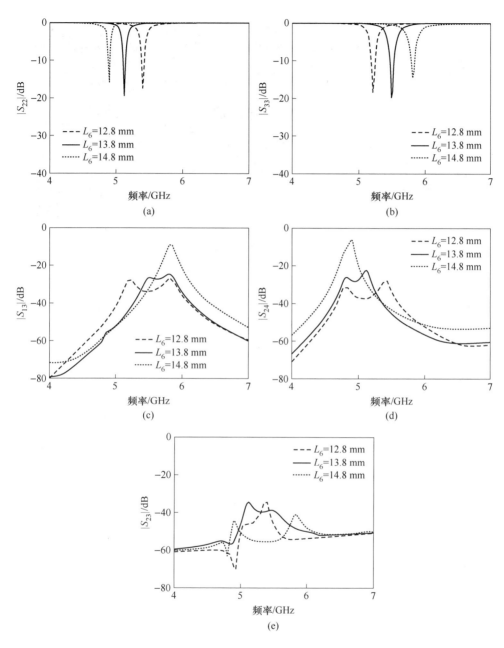

图 3.44 自多工天线的 S 参数随 L_6 变化的曲线

图 3.46 给出了自四工天线的仿真和实测 S 参数及增益对比曲线。自四工天线的仿真工作频带为 4.8 GHz、5.15 GHz、5.5 GHz 和 5.8 GHz。当每个端口被激励时，一个 50 Ω 负载会终止所有其他端口。如图 3.46 所示，仿真和实测的端口

图 3.45　天线实物照片和测试环境

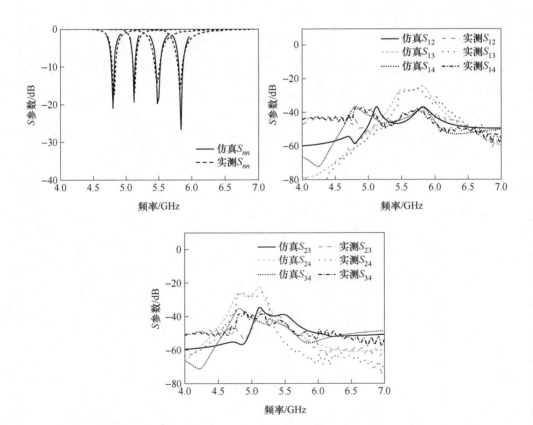

图 3.46　四工天线的仿真和实测 S 参数对比曲线

隔离度均高于 22.7 dB，相邻单元的隔离度大于 35.1 dB。如图 3.47 所示，实测增益值分别为 6.1 dBi、6.05 dBi、6.6 dBi 和 6.5 dBi，轻微波动可归因于制造公差、焊料沉积和不可控的介质损耗。图 3.48 分别给出了 4 个频段的仿真和实测归一化辐射方向图。相应的交叉极化分别为 −20.5 dB、−24.3 dB、−26.4 dB 和 −24.6 dB。由于 L_4 和 L_6 略微不对称，H 平面图案在低频时略微向相反方向倾斜。相反，H 平面图案在高频时略微向相反方向倾斜。表 3.7 比较了所设计天线与参考文献中同类型天线的性能区别，显示出所提天线的优势。

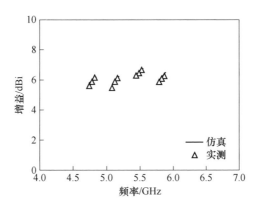

图 3.47 四工天线的仿真和实测增益对比曲线

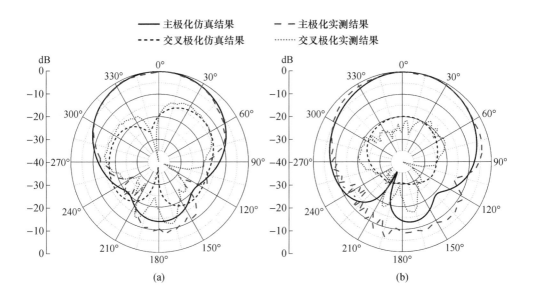

(a)   (b)

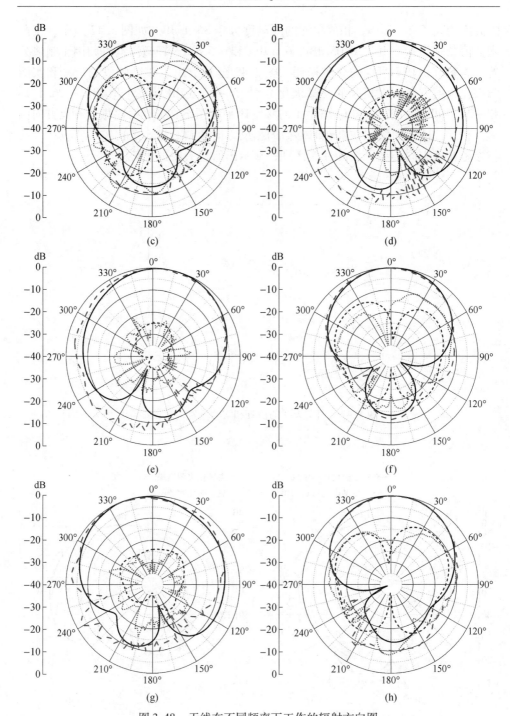

图 3.48 天线在不同频率下工作的辐射方向图

(a) 4.8 GHz, E 面;（b) 4.8 GHz, H 面;（c) 5.15 GHz, E 面;（d) 5.15 GHz, H 面;
(e) 5.5 GHz, E 面;（f) 5.5 GHz, H 面;（g) 5.8 GHz, E 面;（h) 5.8 GHz, H 面

表 3.7 所设计天线与其他同类型天线的性能比较

文献	频率/GHz	隔离度/dB	增益/dBi	尺寸(λ_0^3)/mm³
[178]	8.1；8.8；9.7；11	> 22	5.5；6.9；7.5；7.45	0.94
[179]	4.8；5.4；28；30	> 20	5.4；5.2；8；8.7	0.51
[50]	2.45；3.5；4.9；5.4	>29.9	3.85；5.33；5.95；5.97	0.23
[180]	3.5；4.9；5.4；5.8	> 20	4.4；5.07；5.4；5.7	0.32
本节	4.8；5.15；5.5；5.8	> 22.7	6.1；6.05；6.6；6.5	0.35

本章设计 3 款基于 QMSIW 的天线阵列，分别实现了多频共口径和多波束的设计。研究取得以下结论：

（1）在传统的 QMSIW 谐振腔刻蚀条带缝隙，额外引入八分之一模式，利用多模谐振原理拓展单元工作带宽。

（2）SIW 结构的金属通孔等效为电壁，可以有效抑制单元之间的能量泄漏，在一定程度上降低耦合，因此应用共享金属通孔的思路能够进一步实现天线小型化设计。

（3）设计了一种具有低剖面的方向图可重构四分之一模基片集成波导天线。通过选择相应的馈电端口和相位，波束可重构天线在全空间中形成了 19 种不同的波束。包括 4 个单馈倾斜波束（5.8 dBi，$\theta_{max} = 20°$），可以实现小角度的波束控制；8 个多馈倾斜波束（6.4 dBi，$\theta_{max} = 30°$），实现对空间上半部分的波束控制；4 个双波束、1 个四向波束（3.9 dBi）、1 个环形波束（1.1 dBi）和 1 个轴向波束（7.7 dBi）。天线在 2.5 GHz 工作，高度为 1.5 mm（$\lambda_0/83$）。

（4）设计一款应用于 sub-6 频段的小型化三频圆极化天线阵列。应用多模谐振和共享金属通孔设计，同时结合顺序旋转思路提升圆极化带宽，超构表面的引入进一步展宽了天线阵列的工作带宽。测量结果和仿真结果均显示，该阵列在 2.5 GHz、3.5 GHz 和 4.8 GHz 下分别实现了 10%、11.7% 和 14.8% 的阻抗带宽和 8.8%、8.0% 和 8.5% 的轴比带宽，增益在工作频带内稳定在 0.7 dBi 的变化范围内。

（5）设计了一款小型化自多工天线，以实现小频率比下的高隔离度设计。首先，引入十字形缝隙将天线分成 4 个不同独立调整的 QMSIW。其次，通过调整缝隙的位置和应用频率间隔来优化天线的布局，增加相邻单元的频率比，以提高相邻单元之间的隔离度。天线在 4 个相近的频段（4.8 GHz、5.15 GHz、5.5 GHz 和 5.8 GHz）工作，相邻单元的隔离度大于 35.1 dB，而相对单元的隔离度大于 22.7 dB。

4 基于耦合网络的 MIMO 天线耦合抑制方法

本章彩图

利用多种去耦结构降低紧凑型 MIMO 天线阵列耦合是实现天线平台小型化的常见手段。本章基于组合谐振结构和复合中和线结构，提出了基于低阶模式 SIW 的小型化天线阵列耦合抑制方法，在保证阻抗和辐射性能的基础上较大程度提升了紧凑型天线阵列单元隔离度。

4.1 概　　述

去耦网络由于具有设计流程通用、构型简单、不受阵元形式限制等特点，广泛应用于天线阵的耦合抑制中，对窄带天线[181-182]、双频天线、多元一维线阵[183-185] 及二维阵均适用，对宽带天线阵的应用研究也在不断深入。

采用去耦网络进行耦合抑制的常用分析方法包括两种：一是模式分析法，包括本征模、特征模和奇偶模分析法；二是端口分析法，都是根据阵元实现隔离的要求，运用相关的网络参数推导去耦网络需要满足的耦合抑制条件和阻抗匹配条件，得到具体的结构设计公式。这些方法可以进一步延伸至宽带去耦网络的设计中。

基于组合谐振结构和复合中和线结构，本章提出了基于低阶模式 SIW 的小型化天线阵列耦合抑制方法，在保证阻抗和辐射性能的基础上较大程度提升了紧凑型天线阵列单元隔离度。设计了 3 款不同构型的 MIMO 阵列天线。一是在 QMSIW 减小天线的尺寸的基础上，应用多模谐振理论展宽天线单元的带宽，通过对单元合理布局以提高单元之间的隔离度同时加载组合谐振结构，设计了一款具备高隔离度特性的小型化北斗/GPS 多功能天线，实现天线单元之间耦合抑制。二是提出一种基于复合中和线结构的 MIMO 天线阵列解耦设计思路，在传统的 HMSIW 单元引入多模谐振拓展工作带宽，然后共享相同边缘金属通孔进一步实现天线阵列的小型化，采用复合中和线去耦结构来提高 MIMO 天线阵列的隔离度。三是设计了一种小型化 MIMO 天线阵列，引入 QMSIW 单元，采用更加灵活简单的中和线去耦结构，在进一步在减小天线的尺寸基础上，验证中和线去耦结构抵消阵列耦合的有效性。

4.2 小型化北斗/GPS 多功能收发天线耦合抑制方法

小型化始终是手持终端天线要解决的首要问题，天线必须采用有效的小型化设计才能适应较小的安装平台。然而受到尺寸的限制，如何降低互耦始终是小型手持终端多天线设计的难点。本节提出了一款具备高隔离度特性的小型化北斗/GPS 多功能天线。在减小天线尺寸和展宽天线单元带宽的基础上，通过对单元合理布局并加载组合谐振结构，以进一步抑制单元之间的耦合。

4.2.1 QMSIW 天线单元设计与优化

图 4.1 是北斗接收天线单元的结构示意图，整体单元由两层金属面和一块介质板组成，介质板采用厚度 1.5 mm、介电常数为 2.65 的 F4B265。介质板上层是金属辐射贴片，T 形缝隙刻蚀在金属贴片的右上方，用于激发多模谐振，实现拓宽工作带宽的目的。介质板下方是与介质板尺寸相同的金属地板，直径为 D、间距为 P 的金属通孔穿过介质板，将辐射贴片和金属地板相连，形成了标准的 SIW 结构。天线单元由直径 1.3 mm 的标准探针馈电，探针位置如图 4.1 所示。馈电的位置决定了基模电磁场与馈线之间的耦合，参数的具体数值见表 4.1。

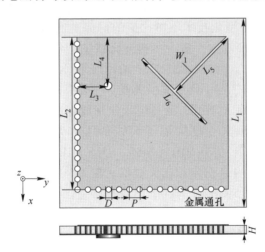

图 4.1 QMSIW 天线单元结构示意图

表 4.1 本节所设计的天线中各参数的值

参数	L_1	L_2	L_3	L_4	L_5	L_6	L_7	L_8
值/mm	31	25	5	8	13	15	37	4
参数	L_9	L_{10}	L	W	W_1	W_2	D	P	H
值/mm	14	5	108	98	0.4	0.8	1	1.7	1.5

为了更进一步说明天线单元小型化和带宽拓展的原理，图 4.2 给出了天线单元的演变过程。天线 1 是一个标准的在 TE_{10} 模工作的 SIW 谐振腔，工作频率由谐振腔的长度决定。将天线 1 对折两次形成了天线 2，根据之前成熟的理论可以看出天线 2 是一个标准的 QMSIW 天线，并且传输模式也没有改变。

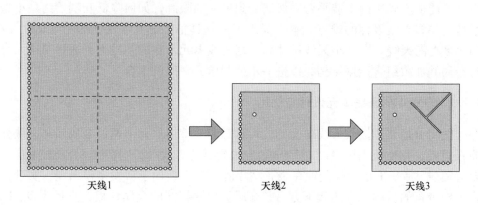

天线1　　　　　　　　　　天线2　　　　　　　　　天线3

图 4.2　天线单元演变过程

因此从天线 1 到天线 2 工作频率并没有改变，但是天线的尺寸缩减了 75%，也就是变成了原先的 1/4，极大程度实现了天线的小型化。QMSIW 技术在尺寸方面具有其他小型化技术不可比拟的优势。但是因为 SIW 天线较高的 Q 值，天线工作带宽很窄。为了进一步提升天线的工作带宽，对辐射单元进行改进，引入多模谐振理论。通过在贴片左上角刻蚀 T 形缝隙，引入新的谐振点，从而拓宽天线单元的工作带宽，就形成了天线 3。图 4.3 给出了天线 2 和天线 3 的 S 参数对比图。可以清楚地看到，通过引入 T 形缝隙，天线单元在高频部分增加了一个谐振点，从而极大程度增加了天线的工作带宽。工作带宽从 40 MHz（2485 ~ 2525 MHz）提升到 70 MHz（2485 ~ 2555 MHz）。为进一步分析 T 形缝隙对天线带宽的影响，图 4.4 分别给出天线单元在 2.5 GHz 和 2.54 GHz 的电流图。可以看到，当天线在 2.5 GHz 工作时，电流在整个辐射单元中流动，这时贴片的尺寸影响着低频的谐振点。当天线在 2.54 GHz 工作时，T 形缝隙扰动了表面电流的流向，减少了电流的路径，从而激发了高频的谐振点，这时缝隙尺寸影响着表面电流的路径长度，从而影响谐振频率。所以得出结论：低频谐振点主要归功于辐射贴片，而且贴片的长度 L_2 会影响低频点的频率；高频主要归功于缝隙的存在，并且缝隙的大小影响着高频的谐振频率，这验证了我们对于图 4.3 原理分析的正确性。

为了更进一步解释和说明 T 形缝隙对于天线高频段的主要影响作用，选取了 T 形缝隙的高度 L_5 和长度 L_6 两个主要参数进行研究。如图 4.5(a) 所示，随着 L_5 增大，低频部分保持不变，而高频谐振点向高频移动。这说明随着缝隙长度的

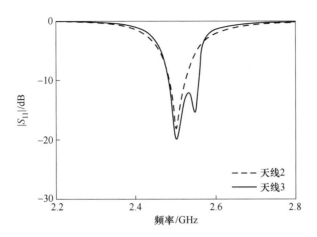

图 4.3　不同天线单元 S 参数对比曲线

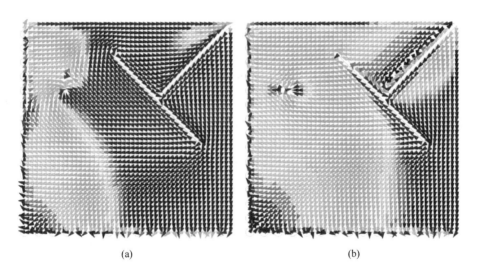

(a)　　　　　　　　　　　　(b)

图 4.4　天线单元表面电流分布
（a）2.5 GHz；（b）2.54 GHz

增加，阻断了更多的电流路径，使电流被束缚在较小的区域内，从而提高了谐振频率。经过优化，最终 $L_5 = 13$ mm。如图 4.5（b）所示，随着 L_6 的增大，高频谐振点向低频偏移，同时低频谐振点基本保持不变。这说明，随着缝隙高度的增加，右下方电流流动的区域变大，路径边缘变长，谐振频率降低，最终优化 $L_6 = 15$ mm。以上对 T 形缝隙的主要参数研究进一步印证了我们前期对缝隙理论分析的准确性。

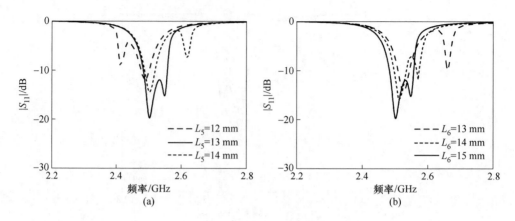

图 4.5　单元 S 参数随不同参数变化曲线

（a）S 参数随 L_5 变化；（b）S 参数随 L_6 变化

4.2.2　多功能收发天线阵列设计与讨论

天线设计的目标是实现北斗和 GPS 收发天线集成一体化设计。图 4.6 给出了最终基于 QMSIW 的小型化北斗和 GPS 多功能收发天线的结构示意图。整个天线阵列依然由单层介质板和两层金属面构成，尺寸为 $L \times W$，4 个在不同频带工作的单元正交放置。4 个单元的工作频率分别为北斗 B3（端口 1）、GPS L1（端口 2）、北斗发射（端口 3）和北斗接收（端口 4）。不同的端口对应相应的单元，并且在单元 1 和单元 2，以及单元 3 和单元 4 之间分别加载组合谐振结构，参数见表 4.1。

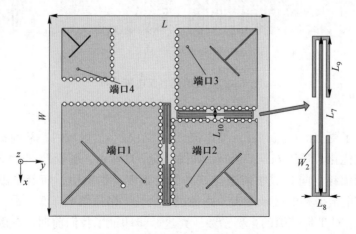

图 4.6　天线阵列的结构示意图

从图 4.6 中可以清楚地发现两个方面：第一，两个单元旋转正交放置，因为 SIW 的金属通孔可以等效为电壁，能够有效抑制能量泄漏，所以单元正交布局，这样相近单元之间都是金属通孔，这种设计能够有效地增大相邻单元的隔离度，抑制相邻单元之间的耦合；第二，虽然金属通孔能够在一定程度上抑制能量的泄漏，但在频率相近的情况下，单元之间较小的间距仍然会造成单元之间的耦合，破坏天线的性能。因此，为了设计的简洁有效性，本节在 3 个相近频率的耦合单元，即单元 1（BDS-2 B3，1268 MHz）、单元 2（GPS L1，1575 MHz）和单元 3（BDS-1 L，1616 MHz）的中间分别加载组合谐振结构，进一步抑制相近频段单元之间的耦合。组合谐振结构如图 4.6 所示，是一个等效长度为半个波长的变形 H 形微带线谐振结构。

图 4.7 给出了天线阵列的设计流程图。为了实现阵列的小型化，单元之间的间距很小，在阵列 1 中，4 个单元相对放置。为了利用金属通孔电壁的作用，将 4 个单元布局进行修正，改为旋转正交布局，相邻单元之间都被金属通孔间隔，有效阻碍了相邻单元之间能量的泄漏。也就形成了阵列 2。在阵列 2 的基础上，单元 1、单元 2 和单元 3 之间加载组合谐振结构，形成了阵列 3，也就是本节提出的天线阵列。值得注意的是，单元 1、单元 2 和单元 3 相互之间谐振频率相近，且间距较小，因此有必要加载去耦结构。而单元 1 和单元 4 的谐振频率几乎是倍频（1268 MHz 和 2492 MHz），且间距较远，因此不考虑加载组合谐振结构。同理，单元 3 和单元 4 之间的距离也较大，较远的间距有效降低了两个单元之间的耦合，无须添加去耦合结构。综上所述，为了有效降低单元之间的耦合，同时简化设计流程，降低天线设计的复杂程度，将 4 个单元按照旋转正交的布局放置，只在单元 1、单元 2 和单元 3 之间加载组合谐振结构。注：为了更直观地展示阵列中金属通孔的位置的变化，在图 4.6 和图 4.7 中，将金属通孔直径 D 和间距 P 扩大了一倍，但是在实际仿真和加工过程中，阵列的金属通孔仍然与单元保持一致。

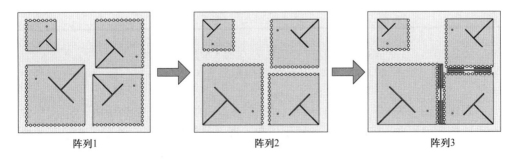

阵列1　　　　　　　　阵列2　　　　　　　　阵列3

图 4.7　天线阵列演变过程

　　图 4.8 给出了阵列 1、阵列 2 和阵列 3 分别工作在 1268 MHz、1575 MHz 和 1616 MHz 3 个频点处的 S 参数对比图。图 4.8 中 S 参数的 1、2、3、4 对应于图 4.7 中端口 1、2、3、4。从图 4.8(a) 看出，3 个阵列在单元 1 工作频带内 S_{11} 并没有较大的变化，这说明改变天线单元的布局，同时加载去耦合结构并没有影响单元内部的工作阻抗特性，也从侧面说明了 SIW 天线极佳的抗干扰性能。另外，随着阵列 1 向阵列 2 和阵列 3 演进，单元 1 和单元 2 之间的隔离度逐渐变大，单元之间的耦合逐渐降低，反映出阵列设计的有效性。其中 S_{12} 的峰值从 −25.6 dB（阵列 1）减小到 −29.5 dB（阵列 2），最终减小到 −34.3 dB（阵列 3）。

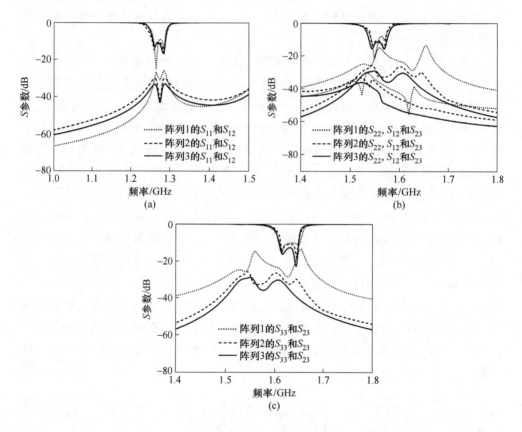

图 4.8　图 4.7 中天线 1~3 的 S 参数对比曲线
(a) S_{11} 和 S_{12}；(b) S_{22}，S_{12} 和 S_{23}；(c) S_{33} 和 S_{23}

　　同理如图 4.8(b) 和（c）所示，在单元 2 和单元 3 工作频带内，S_{11} 同样没有受到较大的影响。得益于布局的优化和去耦合结构的加载，单元 2 和单元 3 之间的隔离度有较为明显的改善，其中 S_{23} 在单元 2 频段内峰值从 −14.69 dB（阵列 1）减小到 −24.68 dB（阵列 2），最终减小到 −29.20 dB（阵列 3）。而在单元 3 频段内峰值从 –13.45 dB（阵列 1）减小到 –26.45 dB（阵列 2），最终减小到 –30.29 dB（阵列 3），耦合明显降低，达到了去耦合的目的。这是因为对于阵列 1 来说，单元 2 和单元 3 频率相近，并且间距较近，所以两个单元之间的耦合较强，通过改善布局，明显降低了单元之间的耦合，又通过加载去耦合结构，进一步提升单元之间的隔离度。最终实现了天线耦合抑制的目的，保证了小型化天线阵列的实用性。

4.2.3　天线阵列设计及实物的性能测试

为了证明设计的正确性，本节对天线进行样品加工并对其 S 参数和远场辐射性能进行测试。图 4.9 列出了天线样品和测试环境，阵列的 S 参数和辐射特性分别由 AV3672B 矢量网络分析仪和微波暗室测量得到。

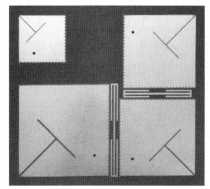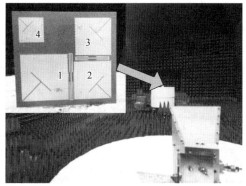

图 4.9　天线阵列样品实物和测试环境

阵列天线的 S 参数实测与仿真结果如图 4.10 所示。天线阵列的仿真工作带宽为 35 MHz（1255 ~ 1290 MHz）、50 MHz（1540 ~ 1590 MHz）、45 MHz（1605 ~ 1650 MHz）和 80 MHz（2480 ~ 2560 MHz），实测工作带宽为 35 MHz（1255 ~ 1290 MHz）、45 MHz（1540 ~ 1585 MHz）、50 MHz（1605 ~ 1655 MHz）和 85 MHz（2475 ~ 2560 MHz）。仿真和实测的 S 参数吻合情况较好，另外从图 4.10 中可以看出，S_{14}、S_{24} 和 S_{34} 都维持在较低的水平，这说明在单元 4 相邻缝隙之间没有加载去耦结构的必要性，从而简化了设计过程，降低了天线阵列的复杂程度。

增益的实测和仿真结果如图 4.11 所示。增益的实测和仿真结果基本一致，进一步验证了设计的正确性。4 个频段的峰值增益仿真分别为 4.22 dBi（BDS-2 B3）、5.68 dBi（GPS L1）、5.09 dBi（BDS-1 L）和 6.3 dBi（BDS-1 S），实测增益为 4.01 dBi（BDS-2 B3）、5.4 dBi（GPS L1）、4.92 dBi（BDS-1 L）和 6.1 dBi

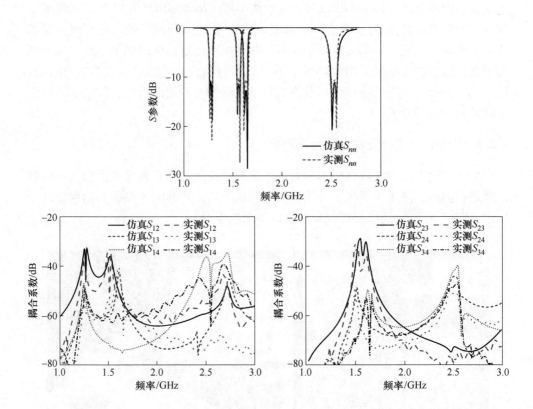

图 4.10　天线阵列 S 参数的仿真和实测曲线

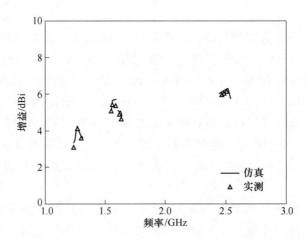

图 4.11　天线阵列增益的仿真和实测曲线

（BDS-1 S）。

图 4.12 比较了 4 个频段下 H 面和 E 面的实测与仿真辐射方向图。此外，还可以看到在两个正交切面上，仿真和实测的主极化辐射方向图吻合程度较高。同时，仿真的交叉极化性能与实测的结果有很大差异，这主要是由于交叉极化水平低和噪声干扰大。表 4.2 列出了其他已有的设计与本节所提出的高增益天线阵列之间的性能比较。通过对比可知，我们不但实现了天线小型化，并且保持了多功能天线的高性能应用。

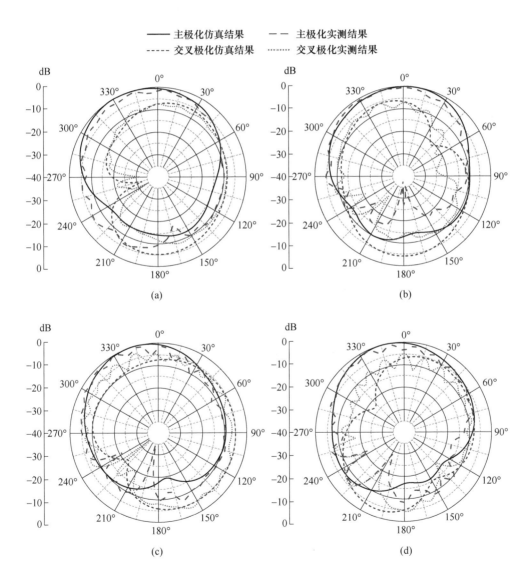

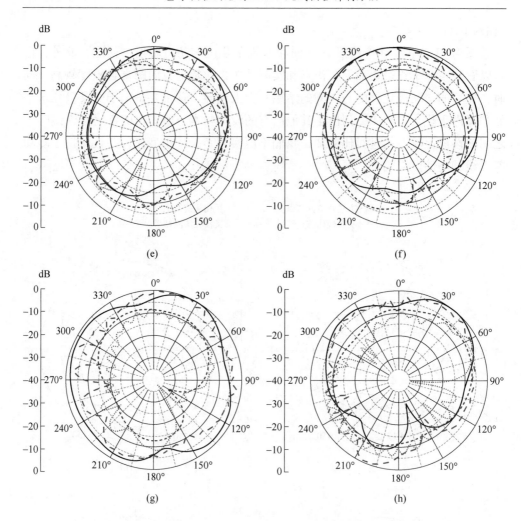

图 4.12　天线阵列工作在不同频点的 E 面和 H 面辐射方向图

(a) 1268 MHz, E 面；(b) 1268 MHz, H 面；(c) 1575 MHz, E 面；

(d) 1575 MHz, H 面；(e) 1616 MHz, E 面；(f) 1616 MHz, H 面；

(g) 2492 MHz, E 面；(h) 2492 MHz, H 面

表 4.2　本节提出的天线与相似宽带天线的性能比较

文献	频率/GHz	隔离度/dB	增益/dBi	尺寸(λ_0^3)
[181]	1.228；1.575	—	3.15；3.93	ϕ0.368 mm×0.105 mm
[182]	1.268；1.575； 1.616；2.492	约 12	2.14；2.74； 3.42；5.43	ϕ0.26 mm×0.04 mm
[183]	1.268；1.575； 2.492	<20	5.2；5.5；5.2	0.48 mm × 0.48 mm × 0.05 mm

续表4.2

文献	频率/GHz	隔离度/dB	增益/dBi	尺寸(λ_0^3)
[180]	3.5；4.9； 5.4；5.8	约20	4.4；5.07； 5.4；5.7	0.39 mm × 0.39 mm × 0.01 mm
[50]	2.45；3.5； 4.9；5.4	29.9	3.85；5.33； 5.95；5.97	0.39 mm × 0.39 mm × 0.01 mm
本节	1.268；1.575； 1.616；2.492	29.2	4.22；5.68； 5.09；6.03	0.45 mm × 0.41 mm × 0.006 mm

4.3 基于复合中和线结构的 MIMO 天线阵耦合抑制

MIMO 阵元之间的相互耦合是干扰天线辐射的重要障碍之一，然而，大间距与天线小型化和低成本的发展趋势相矛盾。与传统 MIMO 相比，大规模 MIMO 系统中的天线数量大幅增加，因此如何在确保有效控制相互耦合的同时，还要在更小的空间内设计天线仍是一个技术难题。本节提出了将中和线结构应用于以 HMSIW 为基本单元的设计方法，显著提高了 MIMO 天线阵列隔离度，有效实现耦合抑制的目的。

4.3.1 HMSIW 天线子阵设计与分析

图 4.13 给出了 HMSIW 天线单元结构示意图，介质板采用介电常数为 2.65、厚度为 1.5 mm 的单层 F4B。辐射贴片和金属地板分别位于介质板的正面和背面，

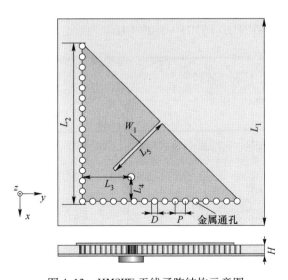

图 4.13　HMSIW 天线子阵结构示意图

由同轴电缆馈电。主辐射贴片由三角形贴片和缝隙组成。根据 HMSIW 的相关理论，在 TE_{110} 模下工作的矩形 SIW 谐振腔沿对角线折叠，形成典型的 HMSIW。这时，工作模式没有发生改变，谐振频率不变，但天线尺寸缩小了 50%，有效地实现了小型化。在辐射贴片上刻蚀缝隙，引入四分之一模式，实现多模谐振，从而进一步扩展工作带宽。介质基板的背面是一个全尺寸金属地板。贴片的左面和下面分布着直径为 D、间距为 P 的金属通孔，这些金属通孔穿过介质板，将辐射贴片与金属地相连，并满足 $D/P \geq 0.5$ 和 $D/\lambda_0 \leq 0.1$（λ_0 是较低谐振频率处的波长）的要求，相当于一个传统的金属空腔。此外，金属通孔可被视为磁壁，从而有效抑制能量泄漏，参数的具体数值见表 4.3。

表 4.3　本节所设计的天线单元中各参数的值

参数	L_1	L_2	L_3	L_4	L_5	W_1	D	P	H
值/mm	34	26	8	4	11	0.5	1	1.7	1.5

如图 4.13 所示，标准 SIW 谐振腔沿对角线折叠形成 HMSIW，辐射体为三角形贴片。虽然极大地减小了尺寸，但是因为 SIW 天线较高的 Q 值，天线工作带宽很窄。为了进一步提高天线的工作带宽，在金属贴片中心位置引入了一个窄带缝隙。该缝隙将辐射贴片分为两个相等的部分，其中右下部分相当于新构成了一个 QMSIW 结构。这样，天线就有两种谐振模式同时工作，即原来的 HMSIW 和新引入的 QMSIW。通过多模谐振引入新的谐振点，从而展宽天线单元的工作带宽。图 4.14 给出了传统 HMSIW 和所设计天线单元的 S 参数对比图，从图中可以看出，HMSIW 在低频段产生谐振，而新引入的 QMSIW 在 5.28 GHz 增加了一个新的谐振点。两种谐振模式的叠加增加了天线的工作带宽，从 90 MHz（5~5.09 GHz）增加到 260 MHz（5.03~5.29 GHz）。

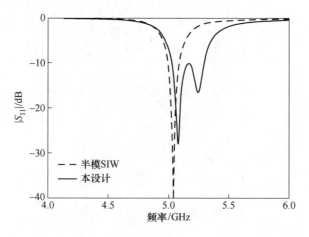

图 4.14　传统 HMSIW 和所设计的天线单元 S 参数对比曲线

为了验证上述分析的正确性，图 4.15 给出了天线单元在两个谐振点的表面电流分布图。从图 4.15(a) 可以看出，当天线在 5.08 GHz 工作时，表面电流分布在整个 HMSIW 上，表明低频段主要受 HMSIW 影响。在图 4.15(b) 中，当天线工作在 5.28 GHz 时，由于缝隙阻挡了电流分布，表面电流主要集中在贴片的右下方，形成了准 QMSIW 辐射模式，所以说明了 QMSIW 主要影响了高频谐振。两种工作模式叠加后，天线单元的工作带宽显著拓宽，这验证了设计的正确性。

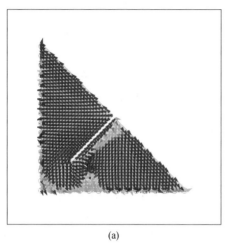
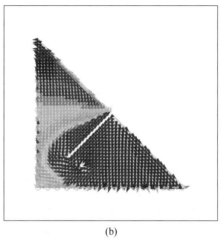

(a)   (b)

图 4.15   天线单元表面电流分布
(a) 5.08 GHz；(b) 5.28 GHz

为了进一步解释和说明窄间隙对天线高频段的主要影响，本节选取了两个主要参数进行研究，即缝隙的宽度 W_1 和缝隙的长度 L_5。如图 4.16(a) 所示，随着 W_1 的增大，低频段保持不变，而高频谐振点则向更高频率移动。这说明了缝隙宽度的增加压缩了 QMSIW 的等效面积，从而引起谐振频率的升高。虽然从图 4.16(a) 中可以看出高频段的变化不大，但也可以看出 W_1 增加所带来的变化趋势，说明对多模谐振的初步分析是正确的，因此，$W_1 = 0.5$ mm。图 4.16(b) 给出了 S_{11} 随缝隙长度 L_5 的变化曲线。随着 L_5 的增大，低频部分保持不变，而高频谐振点则向低频移动。这说明，随着缝隙长度的增加，延长了电流路径，电流最终被限制在 QHSIW 区域内。从而实现了多模谐振以提高工作带宽的目的。经过优化分析之后，选择 $L_5 = 11$ mm。上述对窄带缝隙的参数研究进一步证实了对缝隙理论初步分析的正确性。

4.3.2 天线阵列设计与讨论

为了验证所设计的带宽增强型 HMSIW 单元在 MIMO 天线阵列中的实际应用，

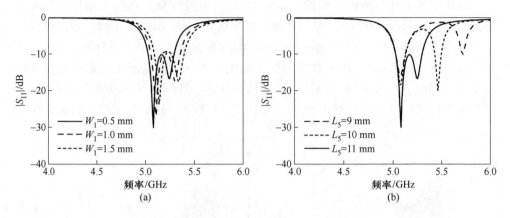

图 4.16　单元 S 参数随不同参数变化曲线

(a) W_1；(b) L_5

本节提出了一个 2×2 小型化 MIMO 阵列，阵列结构图如图 4.17 所示。天线由介电常数为 2.65、厚度为 1.5 mm 的单层 F4B 介质板和两层金属面构成。介质板的正面是主辐射面，由 4 个改进的 HMSIW 单元旋转正交相邻紧贴放置。单元之间不留间隙。相邻的 4 个元件通过共用的金属通孔间隔，从而实现了阵列设计的小型化。根据经典的 SIW 谐振器理论，SIW 周围的金属通孔相当于电壁。能有效抑制能量泄漏，提高单元间的隔离度，为小型化设计提供了新思路。同时，两对正交放置的中和线（分别称为线 1 和线 2）用于降低单元之间的耦合。线 1 结构分别连接单元 1 和单元 2，以及单元 3 和单元 4。线 1 的总长度约为 $\lambda/2$。线 2 结构分别连接单元 2 和单元 3，以及单元 1 和单元 4。线 2 主要用于减小单元 1 和单

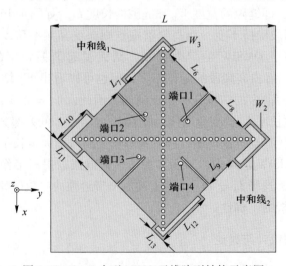

图 4.17　2×2 小型 MIMO 天线阵列结构示意图

元4之间的耦合，并在扩大带宽的同时辅助调节其他单元之间的隔离。MIMO 天线由同轴探针馈电，馈电位置的输入阻抗为 50 Ω。参数的具体数值见表4.4。

表 4.4　本节所设计的天线单元中各参数的值

参数	L	L_6	L_7	L_8	L_9	L_{10}	L_{11}	L_{12}	L_{13}	W_2	W_3
值/mm	64	15	3.5	13	9	10.2	7.8	16.8	4.8	3	2

　　为了进一步说明复合中和线的工作原理，图4.18给出了 MIMO 阵列的演变流程图。阵列1由4个改进的 HMSIW 单元紧贴正交放置，它们共用金属通孔，以实现阵列的小型化设计。在阵列1的基础上，沿 ±x 方向对称加载两条相同尺寸的中和线（即线1），形成阵列2。此外，在阵列2的基础上，沿 ±y 方向对称加载两条相同尺寸的中和线（即线2），形成阵列3，这就是最终设计的天线阵列。

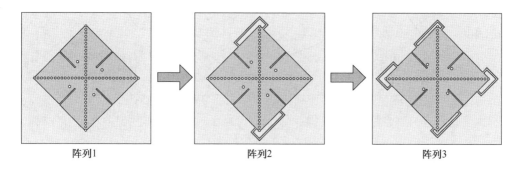

阵列1　　　　　　　　　　阵列2　　　　　　　　　　阵列3

图 4.18　MIMO 天线阵列演变过程

　　图4.19给出了阵列1～阵列3的 S 参数对比图。从图4.19(a) 可以看出，阵列1和阵列2在中低频的 S_{11} 性能没有受到影响。这表明中和线的加载没有影响天线的阻抗特性。为了在阵列2的基础上进一步扩展带宽，引入了线2的结构，其总长度约为高频谐振率的 $\lambda/2$。从图4.19(a) 可以看出，通过加载线2结构，引入了一个新的高频谐振点，从而扩展了阵列的工作带宽，频带从 0.28 GHz（5.03～5.31 GHz）增加到 0.38 GHz（5.05～5.43 GHz）。图4.19(b) 比较了3个阵列中单元1和单元2之间的隔离度 S_{12}。可以看出，SIW 天线在紧贴放置的情况下隔离度要优于传统的贴片天线，其中 HMSIW 谐振频率 S_{12} 隔离度为 20.8 dB，但是 QMSIW 谐振频率 S_{12} 隔离度为 12.6 dB，没有达到耦合抑制的目的，因此，通过加载线1结构，使 QMSIW 谐振频率 S_{12} 端口隔离度明显增强，从 12.6 dB 提升到 29.1 dB，但是 HMSIW 谐振频率 S_{12} 端口隔离度有一定程度的恶化，从 20.8 dB 下降到 15.9 dB。

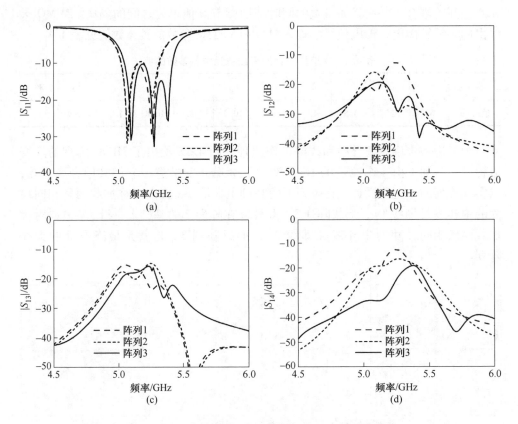

图 4. 19　图 4. 18 中阵列 1 ~ 阵列 3 的 S 参数对比曲线

(a) S_{11}；(b) S_{12}；(c) S_{13}；(d) S_{14}

引入线 2 是为了进一步提升 HMSIW 谐振频率 S_{12} 端口隔离度。很明显，低频端 S_{12} 从 – 15. 9 dB 显著降低到 – 19. 2 dB。图 4. 19(c) 比较了 3 个阵列中单元 1 和单元 3 之间的隔离度 S_{13}，从图中可以看出，虽然相邻单元之间通过金属通孔抑制了能量泄漏，但单元 1 和单元 3 之间只共用了一个金属通孔，没有完全抑制能量的泄漏。因此，低频段隔离度为 – 15 dB，而由 QMSIW 引入的中频段由于结构相互正交并且有一定距离，所以隔离度较好。引入的线 2 结构也降低了低频段的耦合，但在中频段仍没有很好的去耦方案。不过也可以看出，最终设计的阵列 3 的 S_{13} 小于 – 15. 9 dB，符合应用要求。图 4. 19(d) 是 3 个阵列中单元 1 和单元 4 之间的隔离度 S_{14} 的对比图。由于阵列 1 的单元是正交对称的，因此阵列 1 的 S_{12} 和 S_{14} 是相同的。此外，线 1 结构分别连接单元 1 和单元 2，以及单元 3 和单元 4，因此它主要影响 S_{12} 的性能，这可以从图 4. 19(b) 中得到。因此，线 1 结构在一定程度上降低了 S_{14}，但效果不够明显。然而，引入的线 2 结构可以降低单元 1 和单元 4 之间的相互耦合。因此，耦合从阵列 1 的 – 12. 6 dB 显著降低到阵列 2

的 −16.2 dB，最后降低到阵列 3 的 −19.1 dB。线 1 和线 2 的引入有效降低了元件之间的耦合，尤其是线 2，这不仅提高了单元 1 和单元 4 之间的隔离度，还引入了新的谐振频率，增加了 MIMO 阵列的工作带宽。

　　从图 4.19 可以看出，复合中和线结构可以有效降低单元之间的耦合。为了进一步分析线 1 和线 2 抑制单元耦合的原理，从两种结构中各选取一个参数进行参数化研究。L_6 表示线 1 的长度，W_2 表示线 2 的长度。图 4.20 给出了随着 L_6 变化的阵列 S 参数曲线。

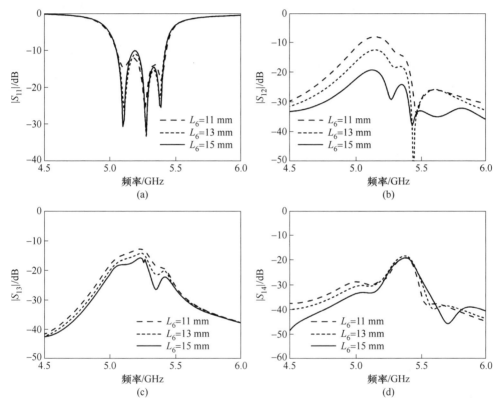

图 4.20　阵列的 S 参数随 L_6 变化曲线
（a）S_{11}；（b）S_{12}；（c）S_{13}；（d）S_{14}

　　如图 4.20（a）所示，随着 L_6 的增大，阵列的阻抗特性几乎没有变化，说明中和线不影响阵列的阻抗匹配，反映出线 1 设计的独立性。如图 4.20（b）所示，随着 L_6 的增大，S_{12} 整体减小，隔离度逐渐提高。线 1 连接单元 1 和单元 2，在 S_{12} 的耦合控制中起着至关重要的作用。此外，当 $L_6 = 15$ mm 时，端口 1 和端口 2 之间的隔离度达到最大，这意味着线 1 的总长度约为 $\lambda/2$。从图 4.20（c）和（d）来看，S_{13} 和 S_{14} 的影响并不大，因为线 1 分别连接了单元 1 和单元 2，以及单元 3 和单元 4。由于阵列的对称性（$S_{12} = S_{34}$），可以看出线 1 主要调节单元 1 和单元 2 之间的隔离度，并且可以具备独立调节的性质。

图 4.21 显示了 W_2 变化时阵列的 S 参数曲线。从图 4.21（a）可以看出，随着 W_2 的增加，中低频部分几乎不变。相比之下，高频的谐振特性逐渐变好，这意味着线 2 的引入不仅可以调节元件之间的隔离度，还能影响阻抗特性。此外，还可以通过选择适当的参数来扩展工作带宽，因此 $W_2 = 3$ mm。从图 4.21（b）可以看出，随着 W_2 的增大，整个工作频段内的 S_{12} 逐渐降低，这反映了线 2 对 S_{12} 的辅助调节作用。当 $W_2 = 1$ mm 时，线 2 与贴片之间的缝隙较小，单元与线 2 之间的耦合较强，影响了端口 1 和端口 2 之间的隔离度。在这种情况下，工作频带内的隔离效果很差。从图 4.21（c）可以看出，与线 1 相似，线 2 对 S_{13} 的影响有限。虽然耦合在高频段有所减弱，但 S_{13} 的最大值保持不变。此外，从图 4.21（d）可以看出，随着 W_2 的增加，S_{14} 整体上升，这表明 W_2 对端口 1 和端口 4 的隔离度有很大影响。考虑到所有 S 参数的变化，最终选择 $W_2 = 3$ mm。

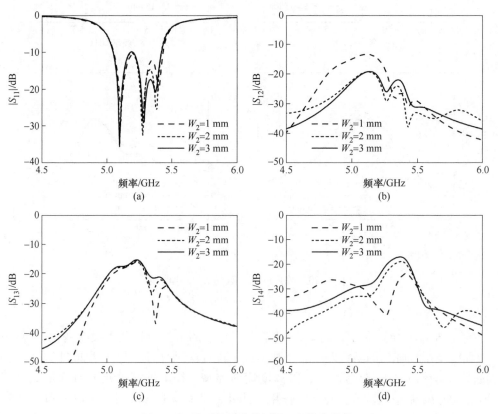

图 4.21　阵列的 S 参数随 W_2 变化的曲线

（a）S_{11}；（b）S_{12}；（c）S_{13}；（d）S_{14}

4.3.3 天线实物的性能测试

为了证明设计的正确性，本节对 2×2 MIMO 天线阵列进行样品加工并对其 S 参数和远场辐射性能进行测试。图 4.22 列出了天线实物和测试环境，阵列的 S 参数和辐射特性分别由 AV3672B 矢量网络分析仪和微波暗室测量得到。阵列仿真和实测 S 参数对比曲线如图 4.23 所示。MIMO 天线阵列的仿真工作带宽为 380 MHz（5.05~5.43 GHz），实测带宽为 410 MHz（5.04~5.45 GHz）。正交定位天线单元 S_{12} 的测量耦合系数为 -18.8 dB，S_{14} 的测量耦合系数为 -18.7 dB，而平行天线单元（S_{13}）的隔离度为 -16 dB。仿真结果与实测结果吻合度较高。实测结果出现波动，尤其是双端口馈电的 S_{12} 和 S_{13}。可能是由于实验条件的限制和矢量网络分析仪的灵敏度、实验环境及焊接过程的误差造成的。

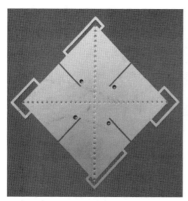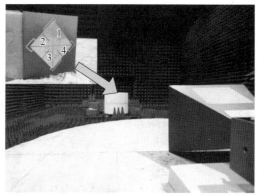

图 4.22 天线阵列实物照片及测试环境

从图 4.23 中可以看出，S_{11}、S_{12}、S_{13} 和 S_{14} 都保持在较低水平，说明了加载中和线去耦的必要性。众所周知，对于 MIMO 阵列，不同的端口馈电会对天线的辐射性能产生不同的影响。这里选择两种经典的馈电方案进行分析。第一种是单模，即端口 1 被激励，其他 3 个端口与匹配负载相连。第二种是阵列模式，即 4 个端口同时馈电，端口 1 和端口 2 及端口 3 和端口 4 具有 180°的相位差，即 4 个端口的输入相位分别为 180°、180°、0°、0°。这样的设计目的是利用 x 轴两侧单元反向相位实现阵列高增益特性。

图 4.24 分别给出了 MIMO 阵列在单模和阵列模式下的仿真和实测增益变化曲线。可以看出，在工作频带内单模的增益起伏平缓，最大增益为 7.93 dBi（5.35 GHz），最小增益为 6.75 dBi（5.2 GHz），增益变化幅度为 1.18 dBi，仿真和实测增益吻合度较好。同样，在工作频带内阵列的增益起伏平缓，最大增益为

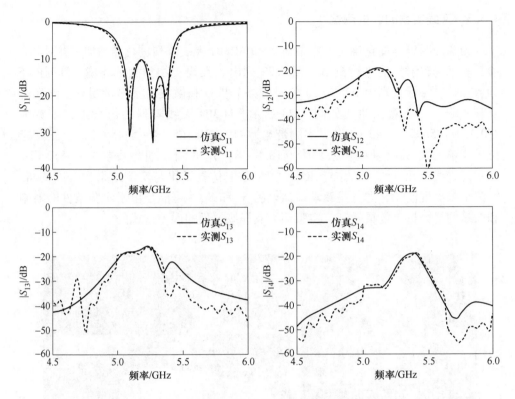

图 4.23   天线阵列仿真和实测 S 参数对比曲线

10.09 dBi (5.35 GHz)，最小增益为 9.11 dBi (5.2 GHz)，仿真和实测增益相差不大，它们之间的差距应该来自加工误差和测试环境。

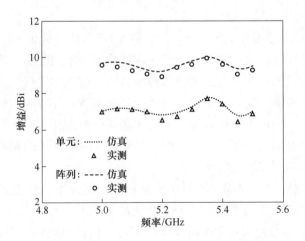

图 4.24   天线阵列仿真和实测增益对比曲线

图4.25 给出了两种工作模式在中心频率5.25 GHz 的 E 面和 H 面仿真与实测的归一化方向图。图4.25(a) 显示了单模 E 面方向图,仿真与实测的交叉极化值分别为 -10.1 dB 和 -11.5 dB,最大辐射方向分别为20°和20°。如图4.25(b) 所示,对于 H 面,仿真与实测的交叉极化值分别为 -7.7 dB 和 -8.1 dB,最大辐射方向分别为10°和6°。图4.25(c) 显示了阵列模式的 E 面方向图,仿真与实测的交叉极化值分别为 -14.1 dB 和 -14.3 dB,最大辐射方向分别为0°和0°。如图4.25(d) 所示,对于 H 平面,仿真与实测的交叉极化值分别为 -13.5 dB 和

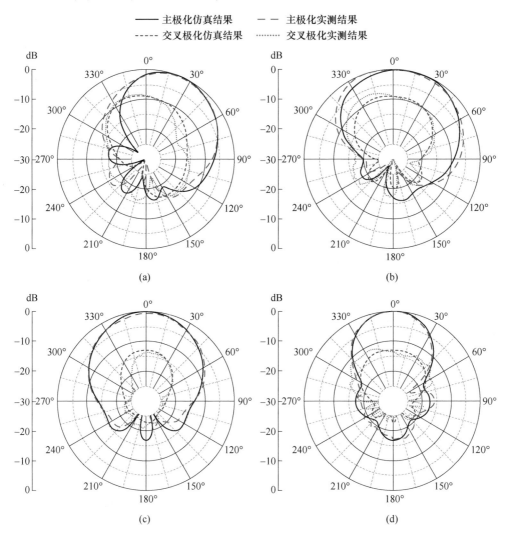

图4.25 天线阵列工作在 5.25 GHz 时的 E 面和
H 面仿真与实测辐射图
(a) 单模 E 面;(b) 单模 H 面;(c) 阵列 E 面;(d) 阵列 H 面

－14 dB，最大辐射方向分别为 0°和 0°。仿真和实测方向图误差较小，在单模和阵列模式下都能达到很好的一致性。表 4.5 列出了本节所设计天线与之前提出的 MIMO 天线的性能比较。

表 4.5　本节所设计天线与相似宽带天线的性能比较

文献	单元中心间距/mm	隔离度/dB	带宽/%	增益/dBi	尺寸(λ_0^3)/mm × mm × mm
[13]	$0.5\lambda_0$	28	1.9	4.36	1.16 × 1.16 × 0.026
[15]	$0.4\lambda_0$	36	2.2	5.60	1.08 × 1.08 × 0.025
[47]	$0.7\lambda_0$	13	1.6	5.7	0.8 × 0.8 × 0.012
[51]	$0.5\lambda_0$	18 24 40	3.43	4.05	0.71 × 0.71 × 0.02
[184]	$0.5\lambda_0$	35	3.4	7.10	1.2 × 1.20 × 0.11
[185]	$0.4\lambda_0$	42	2.2	4.00	0.96 × 0.960 × 0.18
本节	$0.2\lambda_0$	15.9 19.1 19.2	7.3	7.93	1.06 × 1.06 × 0.025

4.4　基于 QMSIW 的小型化天线阵列耦合抑制方法

4.3 节中将中和线结构应用于以 HMSIW 为基本单元的设计方法显著提高了 MIMO 天线阵列隔离度，有效实现耦合抑制的目的。本节探索灵活简单的中和线结构，应用于 QMSIW 小型化去耦 MIMO 天线阵列，在进一步减小天线的尺寸基础上，验证中和线去耦结构抵消阵列耦合的有效性。

4.4.1　MIMO 阵列结构与设计分析

图 4.26 为天线结构示意图，由厚度为 0.8 mm、相对介电常数 2.65 的 F4B265 介质板及蚀刻在介质板两侧的金属面组成。辐射体位于介质板的正面，由 4 个相互对称的 QMSIW 单元和两个复合中和线结构组成，复合中和线的总长度约为 $\lambda_0/2$，辐射单元的间距为 L_2。每个 QMSIW 单元包含两排正交的金属通孔，直径为 D，间距为 P。天线的底面连接一个 50 Ω 阻抗匹配端口，进行同轴馈电。这些金属通孔穿过介质板，将辐射贴片固定在地面上，等效于传统的金属腔。此外，金属通孔可视为磁壁，可有效抑制能量泄漏。表 4.6 给出了本节所设计的天线中各参数的值。

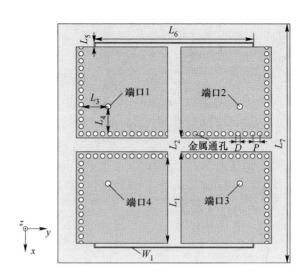

图 4.26　MIMO 天线阵列结构示意图

表 4.6　本节所设计的天线中各参数的值

参数	L_1	L_2	L_3	L_4	L_5
值/mm	19.1	2	6	6	1

参数	L_6	L_7	W_1	D	P
值/mm	35	51	0.2	1	1.6

为进一步说明 MIMO 天线阵列的进化流程，图 4.27 给出了天线阵列的演变过程和 S 参数的比较曲线。为实现天线阵列的小型化设计，MIMO 天线的单元均采用 QMSIW。在阵列 1 中，4 个单元正交放置，每个单元的结构和间距相同，因此 $S_{12} = S_{14}$，$S_{13} = S_{24}$。可以看出，单元之间的隔离度较低，$S_{12} = -6.7$ dB，$S_{13} = -6.7$ dB。值得注意的是，SIW 结构的金属通孔相当于磁壁，可以有效抑制单元间的能量泄漏，在一定程度上降低耦合。在优化单元布局后，单元 1、单元 2 和单元 3、单元 4 对称排列，形成阵列 2。可以观察到，与阵列 1 相比，阵列 2 的 S_{11} 保持不变，而 S_{13} 降至 -22.6 dB，S_{14} 降至 -15.5 dB，隔离度明显提高，这些归功于金属通孔的作用。尽管如此，S_{12} 仍处于较高水平。为了进一步提高天线单元之间的隔离度，并降低单元 1 和单元 2 之间的耦合度，在单元 1 和单元 2 之间引入了基于阵列 2 和阵列 3 的 NL 结构。如图 4.27（c）所示，S_{12} 降低了 12.3 dB，单元 1 和单元 2 之间的隔离度显著提高。S_{13} 和 S_{14} 也有不同程度的降低。从图 4.27(b)~(e) 中可以得出结论，在调整单元布局及引入复合中和线结构后，天线的整体性能得到明显提高。

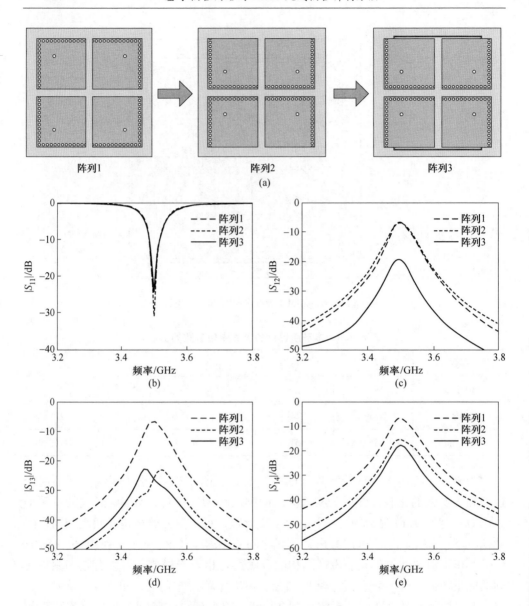

图 4.27　天线阵列演变进化流程及 S 参数对比曲线

（a）进化流程；（b）S_{11} 对比曲线；（c）S_{12} 对比曲线；（d）S_{13} 对比曲线；（e）S_{14} 对比曲线

4.4.2　天线实物的性能测试

　　为了证明设计的正确性，本节对 2×2 MIMO 天线阵列进行样品加工并对其 S 参数和远场辐射性能进行测试。图 4.28 给出了天线样品和测试环境，阵列的 S 参数和辐射特性分别由 AV3672B 矢量网络分析仪和微波暗室测量得到。图 4.29

比较了天线阵列仿真和实测的 S 参数。MIMO 天线阵列的仿真工作带宽为 40 MHz（3.48~3.52 GHz），实测带宽为 33 MHz（3.48~3.51 GHz）。正交定位天线单元 S_{12} 的仿真耦合系数为 −19.2 dB，S_{13} 的仿真耦合系数为 −22.6 dB，S_{14} 的仿真耦合系数为 −17.9 dB；而 S_{12} 的实测耦合系数为 −19.9 dB，S_{13} 的实测耦合系数为 −23.7 dB，S_{14} 的实测耦合系数为 −18.5 dB，实测结果与仿真结果吻合。

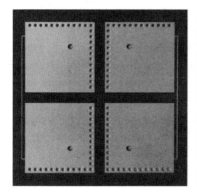

图 4.28　天线阵列实物和测试环境

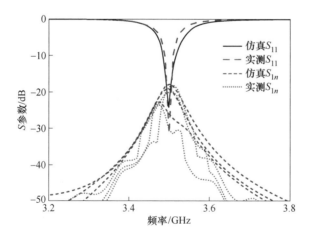

图 4.29　天线阵列仿真和实测 S 参数对比曲线

　　图 4.30 给出 MIMO 天线在工作频段内的仿真和实测增益对比曲线。仿真增益从 4.77 dBi（3.48 GHz）到 4.87 dBi（3.52 GHz），增益浮动为 0.1 dBi，而实测增益从 4.62 dBi（3.48 GHz）到 4.8 dBi（3.52 GHz），增益浮动为 0.18 dBi。实测和仿真结果非常吻合。图 4.31 显示了天线在 3.5 GHz 工作并由端口 1 供电时的仿真和实测归一化方向图曲线。仿真和实测的辐射模式略有不同，单模和阵

列模式的结果一致。

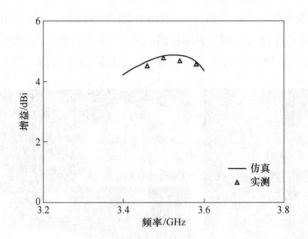

图 4.30 天线阵列仿真和实测增益对比曲线

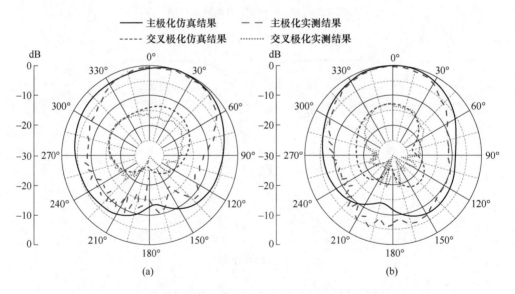

图 4.31 天线阵列工作在 3.5 GHz 仿真和实测辐射方向图

(a) E 面；(b) H 面

本章提出了基于低阶模式 SIW 的小型化天线阵列耦合抑制方法。研究取得以下结论：

（1）在采用 QMSIW 技术大幅度缩减天线尺寸的基础上，应用多模谐振理论拓宽了天线单元的带宽；工作带宽从 1.6% 扩大到 3.4%。

（2）通过将 4 个单元旋转正交放置，合理布局以提高单元之间的隔离度。将 4 个分别在 1268 MHz、1575 MHz、1616 MHz、2492 MHz 工作的单元组阵加载组合谐振结构，以进一步抑制单元之间的耦合。单元之间隔离度大于 29.2 dB。实现了北斗收发和 GPS L1、BDS-2 B3 的集成一体化设计，为北斗 GPS 融合手持机提供设计新思路。

（3）首先，在传统 HMSIW 上引入四分之一模，在天线保持小型化的同时展宽工作带宽，工作带宽从 1.8% 扩大到 5.2%。其次，利用金属通孔的磁壁特性，将 4 个天线单元无间隙地正交排列，进一步减小阵列尺寸。

（4）采用复合中和线去耦结构提高 MIMO 天线阵列的隔离度。仿真结果和实测结果非常吻合。实测 S_{11} 小于 -10 dB 的阻抗带宽范围为 5.05 ~ 5.43 GHz，在中心频率为 5.35 GHz 时，天线单元的宽边峰值增益为 7.93 dBi，阵列增益达到 10.09 dBi。正交和平行天线元件之间的相互耦合电平分别为 -19.2 dB、-19.1 dB 和 -15.9 dB。天线阵列的整体尺寸仅为 $1.06\lambda_0 \times 1.06\lambda_0 \times 0.025\lambda_0$，适合用于第五代多 MIMO 系统。

（5）借鉴中和线耦合结构设计思路，引入 QMSIW 单元，采用更加灵活简单的中和线去耦结构，设计了一种小型化 MIMO 天线阵列，在进一步减小天线尺寸的基础上，验证中和线去耦结构抵消阵列耦合的有效性。

（6）在 2×2 MIMO 天线阵列相邻阵元之间引入中和线结构，建立额外的路径，与原有的耦合路径相抵消，从而实现高隔离度。天线的工作频率为 3.48 ~ 3.52 GHz，元件的峰值增益为 4.87 dBi。同时，正交和平行天线元件之间的相互耦合电平分别为 -19.2 dB、-22.6 dB 和 -17.9 dB。结果表明，该设计在 MIMO 系统中的应用前景广阔。

5 基于超构表面的 SIW 宽带 阵列天线设计

本章彩图

加载超构表面是一种常见的提升阵列天线性能方法[186]，通过在阵元正上方或侧面加载超构表面结构而引入新的谐振频率，以实现不同方向工作带宽拓展及增益提升。超构表面作为辐射体，已成为提升低剖面和宽带天线阵列工作带宽和增益的重要手段，众多研究学者已经设计了多种超构表面实现天线整体性能的增强。该方法在拓宽带宽方面已被验证是有效且实用的，且仍然具有不断提高宽带天线增益的潜力。

5.1 概　　述

目前，提升天线性能主要有两种加载超构表面的方式：一是在天线阵元的侧向加载，实现类似于引向器的作用，改善天线阻抗匹配和前后辐射，集中辐射方向图并降低副旁瓣和后瓣水平；二是在阵元正上方加载，引入新的谐振频率以拓展天线工作带宽，同时改善天线阵的辐射性能并且提升增益水平。这些方法可应用于 SIW 宽边缝隙天线的一般化设计中[187-188]，实现其工作带宽的拓展和辐射性能的提升。

基于混合超构表面和稀疏化缝隙相结合的设计理念，本章提出了基片集成波导宽边缝隙阵列工作带宽拓展和增益提升的方法，分别设计两款应用于不同辐射方向的混合超构表面结构，实现了阵列工作带宽的拓展和增益的提升。一是针对端射阵天线，在单层介质板上下两侧引入矩形超构表面，展宽工作带宽；同时引入 C 形缝隙和 L 形金属壁，进一步改善阻抗匹配和前后辐射，集中辐射方向图并降低副瓣和后瓣水平。二是针对 SIW 稀疏阵列天线，通过缝隙的稀疏化设计降低相互耦合从而拓展了带宽；在此基础上，引入混合超构表面的设计思路进一步扩展了天线单元的工作带宽，提高增益并构建有限小阵列进行验证。

5.2 基于超构表面的 SIW 端射阵列增益提升

基于超构表面的 SIW 端射天线因其优异的性能得到不断发展，上述方法在拓宽带宽方面是有效的[189-191]。但是在保持宽频带工作的基础上提高增益水平仍然具有进一步挖掘的潜力。本节提出了将超构表面加载至宽带 SIW 端射阵列实现增益提升的方法，并构建有限型阵列验证设计的有效性。

5.2.1 端射阵天线单元设计与优化

5.2.1.1 天线单元结构

SIW 主模的传播常数和损耗主要由参数 SIW 的宽度 W_1、金属通孔间距 p、直径 r、介质板厚度 h 及介质和金属材料决定，SIW 的宽度 W_1 应根据 SIW 的截止频率来确定[17]，Yan 等人经过分析获得了精确的 SIW 经验公式。其中截止频率略低于天线的理想最低工作频率：

$$\bar{a} = \xi_1 + \cfrac{\xi_2}{\cfrac{p}{r} + \cfrac{\xi_1 + \xi_2 - \xi_3}{\xi_3 - \xi_1}} \tag{5.1}$$

$$\xi_1 = 1.0198 + \cfrac{0.3465}{\cfrac{W_1}{p} - 1.0684} \tag{5.2}$$

$$\xi_2 = 0.1183 + \cfrac{1.2729}{\cfrac{W_1}{p} - 1.2010} \tag{5.3}$$

$$\xi_3 = 1.0082 - \cfrac{0.9163}{\cfrac{W_1}{p} + 0.2152} \tag{5.4}$$

$$W_{\text{eff}} = \bar{a} \times W_1 \tag{5.5}$$

式中，W_{eff} 为等效介质填充矩形金属波导的宽度，SIW 主模 TE_{10} 的相位特性可以通过传统的介质填充矩形金属波导分析理论得出。金属化通孔的直径 r 和周期 p 应遵循 SIW 的设计规则，以减小能量损耗。超构表面的整体宽度 W 接近 W_1，以确保电磁波的平滑传输。对于超构表面天线，超构表面谐振器接收来自 SIW 的 TE_{10} 波。在这个过程中，部分能量沿着超构表面漏出，大部分能量在超构表面谐振器的末端直接辐射出去，其他的能量被超构表面谐振器的末端截断反射回来。因此，超构表面谐振器中出现驻波以支持谐振模式。

所提出的端射超构表面天线单元结构如图 5.1 所示。天线单元是在 F4B 介质板上设计实现的，相对介电常数 $\varepsilon_r = 2.65$，$\tan\delta = 0.001$。超构表面天线单元由 3×3 分布的亚波长矩形贴片组成，印刷在介质板的上下两侧。天线单元由 SIW 和放置在基板一端的波导馈电，介质板正面的 C 形缝隙用来提升前后辐射比并改善阻抗匹配。如图 5.1 所示，C 形缝隙刻蚀在 SIW 的顶面，两个 L 形金属墙分别由对称放置的金属化通孔组成，分布在超构表面的两侧用以提升辐射方向性能并降低副瓣和后瓣水平。天线单元的参数见表 5.1。

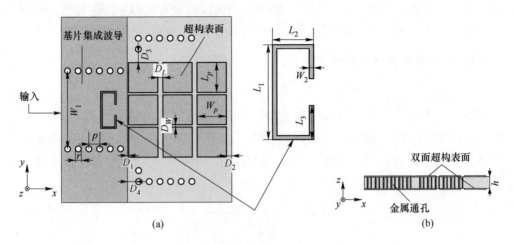

图 5.1　超构表面天线单元结构示意图

（a）侧视图；（b）俯视图

表 5.1　超构表面天线单元各参数的值

参数	值/mm	参数	值/mm	参数	值/mm	参数	值/mm
L_1	7	W_1	14.5	D_2	1	D_W	0.5
L_2	3	W_2	0.3	D_3	2	r	1.2
L_3	2.5	W_p	5.5	D_4	1.5	p	2
L_p	5.5	D_1	0.2	D_L	0.9	h	2

5.2.1.2　天线单元设计优化

为了进一步研究超构表面和 C 形缝隙对天线单元的影响，图 5.2 给出了加载和未加载 C 形缝隙及超构表面时天线单元的仿真 S 参数对比曲线。很明显，通过加载超构表面，由于输入阻抗的虚部减少，天线单元的阻抗带宽明显提升。同时，天线单元的工作频带特别是低频部分通过蚀刻在 SIW 顶面的 C 形缝隙也得到了进一步的拓宽。

L_2 代表 C 形缝隙的宽度，L_3 表示开口边的长度，为了更好地理解其影响，仿真反射系数随 L_2 和 L_3 的变化曲线分别如图 5.3 和图 5.4 所示。如图 5.3 所示，随着 L_2 的增加，高频段基本维持不变而低频段向左偏，整个阻抗带变宽。从图 5.4 可以清楚地看出，L_3 的长度对天线有类似的影响，整个工作频带随着 L_3 的增加而变宽。基于上述分析可以得出 C 形缝隙主要是对工作带宽的低频段有较大的改善作用。引入 C 形缝隙改变了 SIW 腔的工作模式，通过引入了新的谐振模式降低了 SIW 的截止频率，从而增加了整个天线的工作带宽，所设计的天线单元的工作频段为 8 ~ 14 GHz（54.5%），覆盖了整个 X 波段。

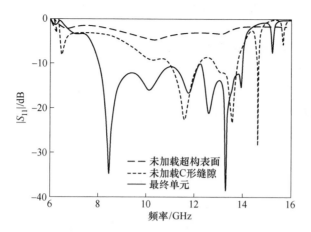

图 5.2 加载和未加载 C 形缝隙及超构表面时天线单元的仿真 S 参数对比曲线

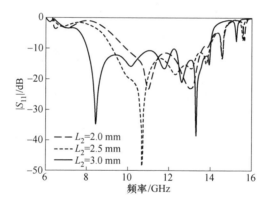

图 5.3 天线反射系数随 L_2 变化曲线

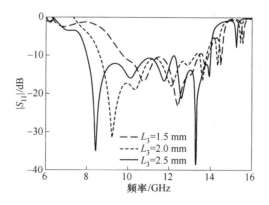

图 5.4 天线反射系数随 L_3 变化曲线

　　为了进一步分析 C 形缝隙对天线性能的影响，图 5.5 给出了天线在低频点（9 GHz）的 E 面和 H 面辐射方向图。如图 5.5(a) 所示，E 面的波束宽度减小，H 面的性能与 E 面相似。所以 C 形缝隙主要影响天线在低频的阻抗，对辐射方向图影响不大。天线单元的表面电流分布如图 5.6 所示，C 形缝隙周围的电流很强，意味着通过在较低频段采用 C 形缝隙引入了 SIW 腔的新工作模式，因此截止频率降低，整个工作频带得到改善。

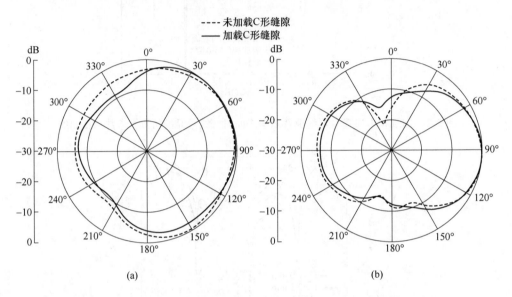

(a)　　　　　　　　　　　　　(b)

图 5.5　天线单元工作在 9 GHz 处加载和未加载 C 形缝隙的辐射方向图

(a) E 面；(b) H 面

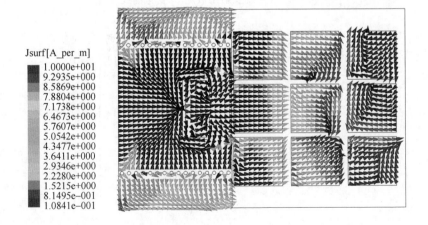

图 5.6　天线单元工作在 9 GHz 处表面电流分布

图 5.7 显示了未加载和加载 L 形金属壁时天线单元的仿真反射系数对比曲线。可以看到，引入 L 形金属壁对工作频段有轻微的影响，低频段大约增加了 480 MHz 的带宽。图 5.8 显示了未加载和加载 L 形金属壁天线在 10 GHz 的辐射方向图。通过使用两个 L 形金属壁，天线单元的前后辐射比得到了显著改善。E 面的前后比由 6 dB 提高到 25 dB，而 H 面的前后比由 6 dB 提高到 26 dB，增益提高了 1.6 dB。同时，H 面的波束宽度变窄，如图 5.8(b) 所示。究其原因，L 形金属壁限制了波的传播方向，从而提高了单元增益。

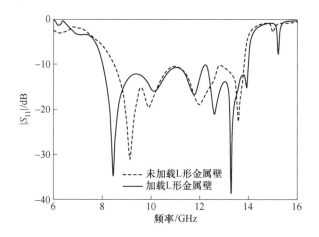

图 5.7　未加载和加载 L 形金属壁时天线单元的仿真 S_{11} 对比曲线

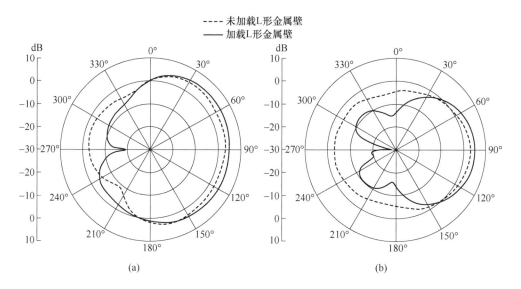

图 5.8　天线单元工作在 10 GHz 处未加载和加载 L 形金属壁的辐射方向图

(a) E 面；(b) H 面

　　为了更直观地描述 L 形金属壁对天线单元的影响，图 5.9 给出了未加载和加载 L 形金属壁天线的仿真增益对比曲线。从图中可以看出，在天线的工作带宽内天线的增益有了不同程度的提升，其中最大值约为 1.6 dBi。为了更加直观地反映超构表面对天线单元的影响，图 5.10 给出了 10 GHz 时天线单元的电场和表面电流分布，超构表面上的大部分电流是沿着 x 轴的，因此，矩形贴片和间隙可以分别被视为等效的电感和电容。此外，如图 5.10(a) 所示，超构表面允许从间隙中辐射。类似的对应传输线模式已经在文献 [12] 中成功应用。因此，在这个模型的基础上，可能存在阻抗匹配的最佳值。

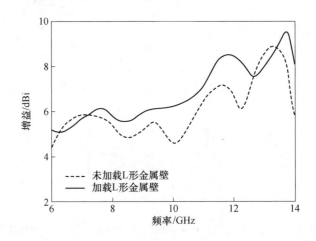

图 5.9　未加载和加载 L 形金属壁时天线单元的仿真增益对比曲线

5.2.1.3　参数学习

　　参数学习是寻找最优解和简化天线设计的有效方法，为了得到最优解并获得更好的阻抗匹配效果，采用控制变量法进行研究，每次只改变一个参数而保持其他参数不变。参数 D_1 表示超构表面结构与 SIW 馈电端的间距，h 是介质板厚度。图 5.11 和图 5.12 是天线单元 S_{11} 在工作频带内随着两个参数 D_1 和 h 的变化曲线。随着 D_1 的增大，中频部分反射系数减小，低频部分向低频移动，然而，高频部分变得更糟。为了获得最大的工作带宽，选择 $D_1 = 0.2$ mm。从图 5.12 可以看出，随着 h 的增加阻抗匹配变得更好，考虑到天线低剖面的设计及降低加工成本，选择 $h = 2.0$ mm。

　　图 5.13 为天线单元阻抗性能随 D_L 的变化曲线，D_L 为超构表面单元沿辐射方向的距离，变化范围为 0.6 ~ 1.0 mm。随着 D_L 的增加，整个工作频带向左移动，高频段的阻抗匹配变好，而低频段的阻抗匹配变差。如图 5.14 所示，与 D_L 相比，沿 y 轴的超构表面单元之间的距离 D_W 对天线单元的影响相似，通过选择合适的参数 D_L 和 D_W，天线可以获得良好的阻抗匹配性能。图 5.15 为天线单元

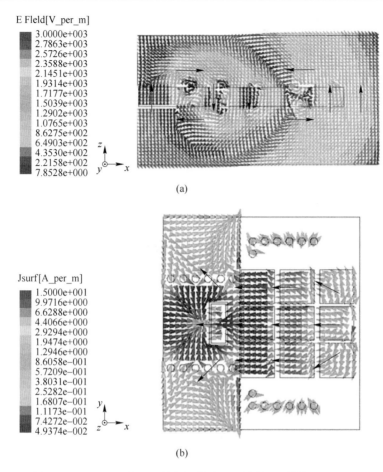

(a)

(b)

图 5.10 10 GHz 时 SIW 馈电超构表面天线的电磁特性

（a）电场分布；（b）表面电流分布

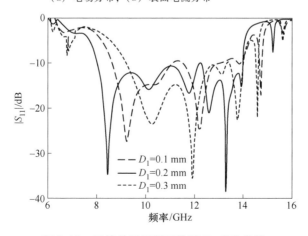

图 5.11 天线单元反射系数随 D_1 变化曲线

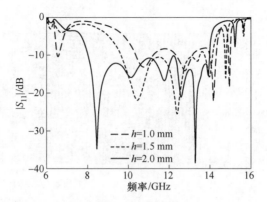

图 5.12　天线单元反射系数随 h 变化曲线

阻抗性能随 W_p 的变化曲线，W_p 是工作频带内超构单元的尺寸，随着 W_p 的增加，高频部分的频带向下移动，与工作频带随着 W_p 的增加而减小的规律是一致的，最终选择 $W_p = 5.5$ mm。

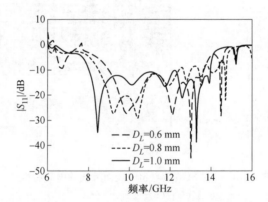

图 5.13　天线单元反射系数随 D_L 变化曲线

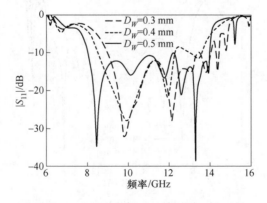

图 5.14　天线单元反射系数随 D_W 变化曲线

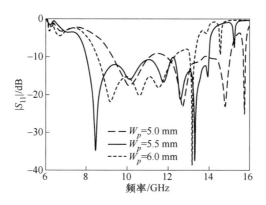

图 5.15　天线单元反射系数随 W_p 变化曲线

5.2.2　端射阵天线阵列设计及实物的性能测试

5.2.2.1　阵列结构设计

为了验证天线单元设计的正确性，本小节构建了一个 1×8 的阵列，如图 5.16 所示。阵列的整体尺寸为 220 mm × 115 mm × 2 mm，设计在相对介电常数为 2.65 的单层 F4B 介质板上。SIW 端射阵列由 8 个双面超构表面单元和一个 1 分 8 的等幅同相馈电网络组成，天线阵列采用微带线进行馈电。采用梯形的馈电巴伦完成微带线到 SIW 的转换，馈电巴伦的低端与 50 Ω 的 SMA 接头相接。天线阵列的具体尺寸见表 5.2。

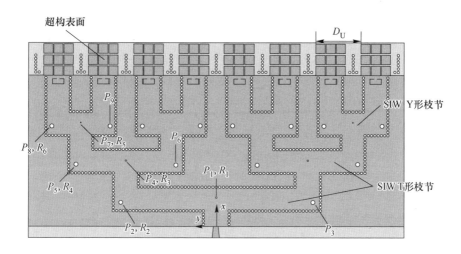

图 5.16　基于 SIW 馈电的 1×8 超构表面天线阵列

表 5.2   超构表面天线阵列各参数的值

参数	值/mm	参数	值/mm	参数	值/mm	参数	值/mm
P_1	(0, 8)	P_5	(−82.75, 27)	P_9	(−63, 49.8)	R_4	1.1
P_2	(−56.35, 4.8)	P_6	(−24.05, 27)	R_1	0.5	R_5	0.2
P_3	(−56.35, 4.8)	P_7	(−80.1, 51.8)	R_2	1.2	R_6	1.2
P_4	(−53.4, 29.4)	P_8	(−97.2, 49.8)	R_3	0.5	D_U	26.7

5.2.2.2   馈电结构实现

众所周知，低副瓣模式对辐射元件的相位变化非常敏感，因此，准确设计功分器是非常重要的。交替相位功分器非常紧凑，但它本质上是色散的，因为从输入端口到每个输出端口的路径与沿同一线路的半导波长的相邻端口的路径不同。这导致出现了一个非常狭窄的同相带宽。因此，通过要求从输入端口到每个输出端有相同的电长度来实现的同相馈电将是最好的解决方案。这种思路可以通过使用由 $2^N - 1$ 个基本结构的 1 分 2 功分器组成的 N 级功分器轻松获得。

阵列的馈电网络由 3 个 T 形基片集成波导 1 分 2 功分器和 4 个具有相等输出的 Y 形基片集成波导 1 分 2 功分器组成，如图 5.16 所示。位于拐角处的耦合通孔 P_2、P_5、P_8、P_3、P_6、P_9 用于调整阻抗匹配，耦合通孔 P_1、P_4 和 P_7 用于调控与中心幅度相同的相位。功分网络和超构表面设计在同一介质板上，优化后的通孔坐标见表 5.2。图 5.17 给出了 1×8 功分网络的 S 参数性能曲线，1×2 阵列和 1×4 阵列及单独馈电网络的反射系数也在图中给出以方便比较。可以看到，馈电网络在 6.5 ~ 13 GHz 的工作频率内可以实现 $S_{11} < -10$ dB。与 1 分 2 和 1 分 4 功分器相比，所设计的 1 分 8 功分器在低频部分提高了阻抗带宽，而高频性能不尽如人意，优化后的阻抗频带为 6.5 ~ 13 GHz。

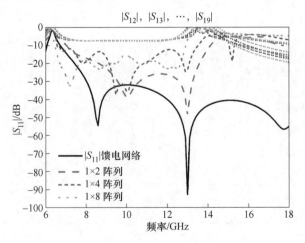

图 5.17 1×8 馈电网络的仿真 S 参数曲线

5.2.2.3　样品加工与测试

加工设计的 SIW 端射天线阵列实物并测试，图 5.18 展示了天线阵列实物样品和测试环境的照片，AV3672B 矢量网络分析仪和标准暗室用于测试天线阵列。图 5.19 展示了宽带 SIW 馈电端射天线阵列的仿真和测试增益和反射系数曲线，其中仿真的工作频带从 7.3 GHz 到 13.35 GHz（58.6%），峰值增益为 15.2 dBi；实测的工作带宽为 5.7 GHz（54%），工作范围覆盖 7.35 ~ 13.05 GHz，最大增益为 14.9 dBi。仿真结果与实测结果吻合较好，差异可能是由于测量环境误差、SMA 接头焊接过程和加工误差造成的。

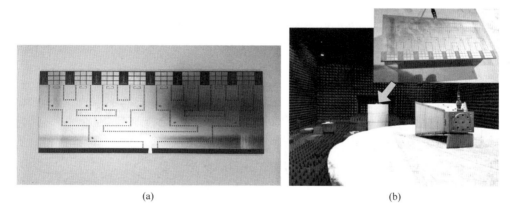

(a)　　　　　　　　　　　　　　(b)

图 5.18　天线阵列实物和测试环境

（a）实物俯视图；（b）测试环境

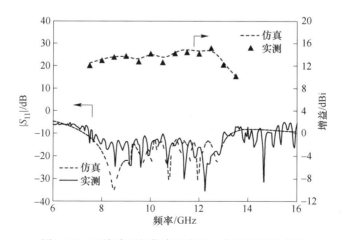

图 5.19　天线阵列的仿真和实测 S 参数和增益曲线

　　图 5.20 展示了仿真和实测 E 面和 H 面辐射方向图曲线，包含 8 GHz、10 GHz 和 12 GHz 3 个不同频率。在 8 ~ 12 GHz 的工作频带内，E 面方向图的仿真半功率波束宽度在 158°~ 172°的范围内变化，仿真的交叉极化电平小于 − 28 dB；而实测值则低于 − 38 dB，仿真的后瓣电平低于 − 11.9 dB，这与 − 12 dB 的实测值相近。与 E 面相比，H 面上仿真的半功率波束宽度更加稳定，在 16°~ 20°之间变化，在 3 个频点处测得的后瓣电平分别低于 − 16.5 dB、− 14.9 dB 和 − 15.2 dB。所提出的天线阵列与其他天线的比较见表 5.3，在保持天线尺寸不变的情况下，所设计天线的工作频段和增益都有一定程度的提高。

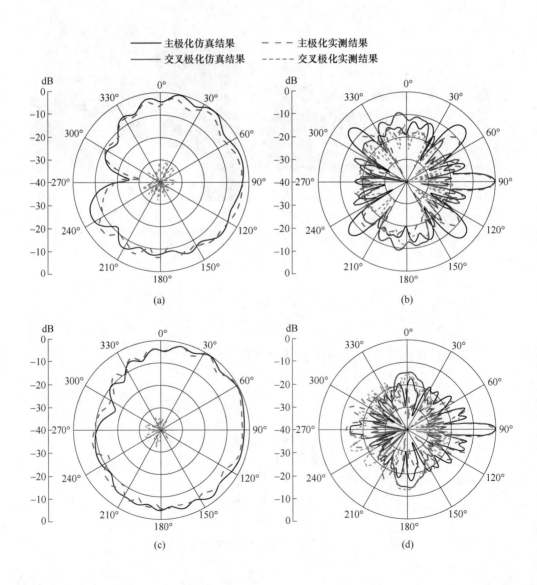

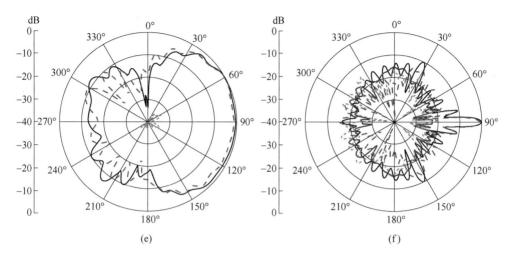

图 5.20 天线阵列工作在不同频点的 E 面和 H 面辐射方向图
(a) 8 GHz, E 面; (b) 8 GHz, H 面; (c) 10 GHz, E 面;
(d) 10 GHz, H 面; (e) 12 GHz, E 面; (f) 12 GHz, H 面

表 5.3 所设计天线与其他宽带天线的性能比较

文献	频率/GHz	带宽/%	增益/dBi	层数	尺寸(λ_0^3)/mm × mm × mm
[187]	10	7.2	13	单层	4.33 × 5 × 0.03
[188]	34	20	11	单层	2.3 × 4.4 × 0.17
[74]	32.65	37	13.8	单层	4.35 × 3.04 × 0.16
[79]	33	37.6	18.1	单层	约 5.6 × 6.4 × 0.16
[186]	15	10.6	13.7	单层	约 7 × 4.75 × 0.05
本节	10	58.6	15.2	单层	7.33 × 3.82 × 0.06

5.3 基于混合超构表面的宽带 SIW 阵列稀疏化

5.2 节对于超构表面天线的研究局限于同类型结构,对于混合超构表面的研究并没有展开。本节通过在 SIW 稀疏化宽边缝隙阵列上方引入由辐射贴片和寄生贴片组成的混合超构表面,进一步提高天线的带宽和增益。

5.3.1 天线子阵设计与分析

5.3.1.1 天线子阵结构设计

图 5.21 为所设计的超构表面天线子阵的展开图及各部分的详细说明。天线子阵由一个长线形 SIW 缝隙天线和混合超构表面结构组成,SIW 缝隙天线由左侧

的端口激励，包含单层介质板及分别覆盖底部介质板两侧的缝隙面和金属地板。8 个间距为 λ_g 的纵向窄缝刻蚀在缝隙面上，形成典型的 SIW 长线缝隙天线样式。介质板的顶部和底部通过两排直径为 D_{siw}、间距为 P_{siw} 的平行金属化通孔连接，从而形成封闭的平面波导结构，每两个纵向窄缝为一组，一共 4 组。图 5.21 还给出了两个相邻缝隙组合的位置及展开方案，这两个缝隙均分布在中心线的同侧，相互距离为 λ_g，长度分别为 L_{slot1} 和 L_{slot2}，偏移值分别为 offset1 和 offset2。众所周知，经典的 SIW 缝隙天线一般由分布在中心两侧、间距为 $\lambda_g/2$ 的数条缝隙组成。本节中的不同设计称为稀疏化，通过减少单元缝隙的数量从而简化了设计，在降低加工成本的同时提升了性能。天线子阵的详细参数见表 5.4。

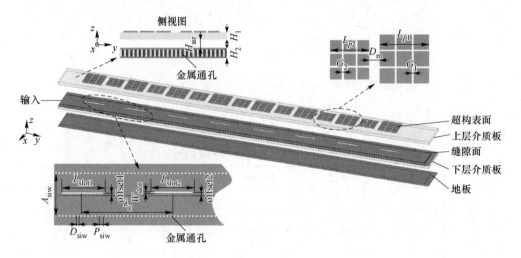

图 5.21   天线子阵结构示意图

表 5.4   超构表面天线子阵各参数的值

参数	值/mm	参数	值/mm	参数	值/mm	参数	值/mm
L_{slot1}	10.8	W_{slot}	0.4	λ_g	22.2	L_{p1}	10
L_{slot2}	10.8	A_{siw}	10.5	H_1	1.524	L_{p2}	8
offset1	0.2	D_{siw}	0.5	H_2	1.524	$G_1 = G_2$	0.4
offset2	0.4	P_{siw}	0.9	H_{air}	2	D_m	2.1

　　超构表面结构位于 SIW 缝隙天线正上方，由覆盖在顶部介质板上表面的超构单元组成。如图 5.21 所示，超构表面分为长度 L_{p1} 的主单元和长度 L_{p2} 的寄生单元两种不同尺寸的结构。主单元位于 SIW 缝隙的正上方，用来提高天线增益；寄生单元位于两个主单元的中心，用于调节匹配及提高天线的整体性能。该天线单元结构由两层介质板和三层金属层组成，介质板均采用相对介电常数为 3.38 的 Rogers 4003C。在两层电介质板的中间是一层厚度为 H_{air} 的空气层，通过引入空气

层能够降低相对介电常数从而实现提升天线整体性能的目的。

为了验证分析的正确性，天线单元的演变进化图如图 5.22 所示。子阵 1 是一个典型的 16 单元纵向缝隙 SIW 天线，缝隙之间的距离为 $\lambda_g/2$；通过稀疏化处理，减少缝隙数量并且优化缝隙和偏移量，得到子阵 2；在子阵 2 的基础上，引入了主超构表面单元结构，每个主辐射单元位于缝隙的正上方，形成子阵 3；最后，通过将寄生单元加载到主单元之间，进一步优化参数形成所设计的天线子阵，即子阵 4。

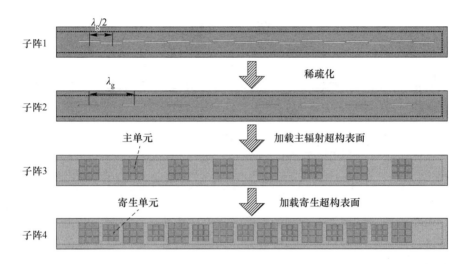

图 5.22　天线子阵演变进化流程

5.3.1.2　稀疏化原理分析

与传统的矩形金属波导相比，SIW 的厚度非常薄，直接导致了较长的缝隙谐振长度。SIW（TE$_{10}$模式）导波波长较短，λ_g 在（0.65～1.75）λ_0 之间，根据天线理论，计算出的导波波长约为 23.98 mm，这些值可以在仿真中进一步优化。对于低副瓣设计目的来说，这些结果极大提升了缝隙间的内外耦合，因此必须考虑高阶模态的影响。SIW 缝隙稀疏阵列天线可以通过减少缝隙单元的数量提高性能。这样，不仅缝隙之间的距离增加，而且耦合也会相应减小。增加相似缝隙之间的距离，减少了缝隙之间的耦合。此外，稀疏化的设计同样简化了设计，降低了加工成本和工艺要求。

在 SIW 缝隙阵列天线的设计流程中，首先根据方向图要求（如增益、主瓣宽度、副瓣电平等）选定口径分布及阵列大小，并由尺寸大小、阻抗带宽和波束指向确定缝隙的布局和馈电方式。其次根据口径分布计算各缝隙"等效辐射导纳的分布"；再次，分析缝隙辐射单元的等效导纳与其尺寸和位置（偏置）的关系，进而根据"等效辐射导纳的分布"选定缝隙的尺寸和偏置。以 SIW 纵向缝隙为例，利用矩量法分析缝隙特性，通过仿真或测试的散射参数，计算缝隙的等效归一化导纳值。

N 元波导缝隙阵列及其等效电路图如图 5.23 所示，阵列的驻波比（SWR）与带宽 B 及辐射缝隙的数量 N 之间的关系式如下[56]：

$$\text{SWR} = 1 + \frac{2}{a^2} + \frac{2}{a}\sqrt{1 + \frac{1}{a^2}} \tag{5.6}$$

$$a = \frac{1 + \dfrac{(\pi NB)^2}{3 \times 10^4}}{\dfrac{\pi NB}{300}\left[1 + \dfrac{(\pi NB)^2}{2 \times 10^4}\right]} \tag{5.7}$$

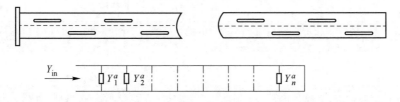

图 5.23　N 元宽边纵缝线阵天线及其等效电路

随着单元数目的增加，阵列的工作带宽将持续减小。阵列一般由数个子阵构成，而随着子阵数量的提升，边缘缝隙的辐射导纳不断减小会造成偏置减小，从而恶化阵列的辐射特性（偏置很小时，辐射特性对偏置量非常敏感）。经典的解决方案是降低效率及采取复杂的馈电网络，以换取带宽的扩大和时隙偏移。

为了解决这个问题，本节提出了一种 SIW 缝隙阵列天线稀疏化的处理方案。如图 5.24 所示，原有的 16 单元 SIW 缝隙线阵经过稀疏化处理后，缝隙数量缩减了一半，并且进一步优化了缝隙的分布。可以预测，8×8 的 SIW 缝隙稀疏阵列的缝隙数量比传统的 8×16 阵列减少了一半，在相似的辐射特性和匹配条件下，稀疏阵列的带宽将会扩大，缝隙偏移量也会增加。在满足 SIW 传输线缝隙阵列不出现栅瓣的条件下，稀疏化处理后的 SIW 缝隙阵列将具有可比拟传统缝隙阵列的辐射特性，而且随着缝隙偏置量的增大，带宽也将随之得到拓展，同时简化设计流程，降低加工成本。

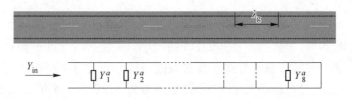

图 5.24　N 元宽边纵缝稀疏阵列天线及其等效电路

　　稀疏化处理后的 SIW 缝隙阵列，其缝隙的分布及调控特性都会发生变化。根据传输线理论，当两端口距离缝隙中心为半波长时，输入端反射系数 S_{11} 与等效导纳 Y 和传输线特性导纳 G_0 满足如下关系：

$$8Y/G_0 = -\frac{2S_{11}}{1+S_{11}} \tag{5.8}$$

根据简化的电路模型，缝隙单元等效并联导纳可表达为：

$$Y = g + b\mathrm{j} = \frac{-2}{8}\frac{S_{11}}{1+S_{11}}G_0 \tag{5.9}$$

式中，g 为实部变量；b 为虚部变量。

　　首先固定缝隙的偏置，对缝隙长度进行扫描，获得其在所需工作频率处的谐振长度，而式（5.9）推导得出的导纳为考虑了互耦的有源谐振电导。接下来优化缝隙的偏置，使得缝隙口径的电场分布对称，通过改变和变换参数，获得一系列谐振长度和有源谐振电导。最后利用互耦环境缝隙设计参数，按泰勒分布设计优化 8 单元稀疏阵各缝隙的偏置和尺寸，完成设计。

　　为了进一步说明稀疏化对缝隙间耦合的抑制作用。图 5.25 给出了子阵 1 和子阵 2 中部分单元的表面电流对比图，可以看出通过减少缝隙数量和增加相邻缝隙的间距，间隙之间的电流强度大大降低，同时耦合降低，达到了抑制耦合的目的。

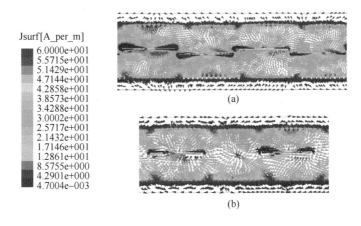

图 5.25　10 GHz 处不同天线子阵表面电流对比
（a）子阵 1；（b）子阵 2

5.3.1.3　天线子阵设计流程

　　子阵 1 到子阵 4 的参数对比如图 5.26 ~ 图 5.28 所示。从图 5.26 可以明显看出，通过对缝隙进行稀疏化设计，子阵 1 的阻抗带宽从 1.07 GHz（9.19 ~ 10.26 GHz）增加到子阵 2 的 1.28 GHz（8.96 ~ 10.24 GHz），带宽增加了

110 MHz（2.3%）。如图 5.27 所示，在 10 GHz 时主辐射方向（z 轴）的增益增加了 1.1 dBi，副瓣从 −12.8 dB 减小到 −14.9 dB。同时，在整个工作频段范围内，子阵 2 的增益性能相对于子阵 1 有一定程度的提高，如图 5.28 所示，最大增益提高了 1.1 dBi（9.45 GHz），最小增益提高了 0.4 dBi（9.95 GHz）。根据口径效率计算公式，子阵 1 和子阵 4 的口径效率分别为 43.44% 和 55.84%，提高了 12.4%。

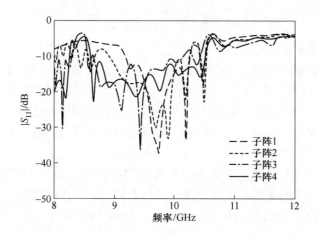

图 5.26   不同天线子阵 S 参数对比曲线

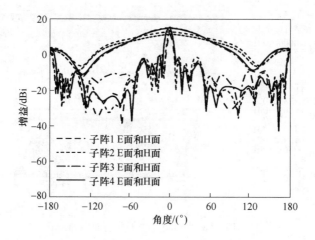

图 5.27   不同天线子阵 10 GHz 处增益对比曲线

同时，超构表面的加载显著提高了天线性能。从图 5.26 ~ 图 5.28 可以看出，子阵 2 通过加载超构表面结构进化到子阵 3，阻抗带宽从 1.28 GHz（8.96 ~ 10.24 GHz）增加到 1.4 GHz（8.66 ~ 10.06 GHz），带宽增加了 120 MHz（1.6%）。如图 5.27 所示，在 10 GHz 时主辐射方向（z 轴）的增益增加了 2.2 dBi，

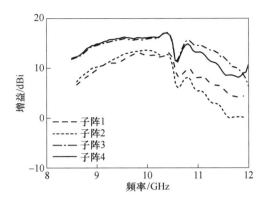

图 5.28 不同天线子阵增益随频率变化对比曲线

副瓣从 −14.9 dB 下降到 −17.1 dB。与子阵 2 相比，子阵 3 在整个工作波段范围内的增益性能都有一定程度的提高，如图 5.28 所示，增益提升的最大值为 2.6 dBi（9.05 GHz），最小增益为 0.3 dBi（9.9 GHz）。

从图 5.26 可以看出，在 10 ~ 11 GHz 范围内，天线的阻抗性能明显恶化。为了优化高频带的阻抗特性达到增加带宽的目的，在相邻超构表面单元中间引入寄生结构，即子阵 4。从图 5.26 中看出，天线从子阵 3 进化到子阵 4 时，阻抗带宽从 1.4 GHz（8.66 ~ 10.06 GHz）增加到 1.91 GHz（8.61 ~ 10.52 GHz），带宽增加了 510 MHz（5.1%），总工作带宽为 20.0%。如图 5.27 所示，在 10 GHz 时主辐射方向（z 轴）的增益增加了 0.1 dBi，副瓣从 −17.1 dB 下降到 −18.2 dB。同时在整个工作频段范围内，子阵 4 的增益性能并没有明显优于子阵 3，如图 5.28 所示，增益提升的最大值为 0.4 dBi（9.7 GHz），最小值为 0.2 dBi（8.95 GHz）。由此可见，寄生贴片对高频阻抗匹配具有显著的调节作用。经过天线单元的演化设计，得到了最终的天线单元结构，即子阵 4，为下一步阵列设计奠定了基础。

5.3.1.4　参数学习

首先，对子阵 2 进行分析，从图 5.29 可以看出，随着缝隙长度 L_{slot1} 的增加，低频端阻抗性能提高伴随副瓣减小，最终选择 $L_{slot1} = 10.8$ mm。图 5.30 为不同缝隙偏移量 offset1 随频率变化曲线，可以看出随着 offset1 的增加，阻抗特性逐渐恶化，副瓣在 0.4 ~ 0.6 mm 范围内急剧上升。充分说明了缝隙偏移量非常小，辐射特性对偏移量非常敏感。值得注意的是，L_{slot2} 和 offset2 的参数变化性能与 L_{slot1} 和 offset1 相似。接下来，分析子阵 4 的参数，即最终设计的天线子阵。图 5.31 为不同空气层厚度 H_{air} 随频率变化曲线，可以看出，随着 H_{air} 的增加，阻抗性能变好，工作带宽增加而主瓣基本保持不变，第 4 个旁瓣有一定程度的增加。考虑到低剖面设计的因素，选择 $H_{air} = 2$ mm。图 5.32 为寄生贴片单元数量的 N_r 变化曲线，N_r 对整个频带具有阻抗调节作用。N_p 的变化特性与 N_r 类似。

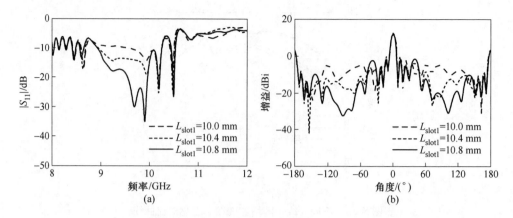

图 5.29　天线子阵 2 对应不同 L_{slot1} 的 S 参数（a）和增益（b）的对比曲线

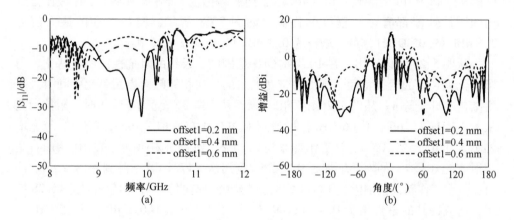

图 5.30　天线子阵 2 对应不同 offset1 的 S 参数（a）和增益（b）的对比曲线

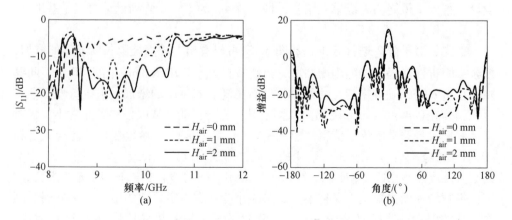

图 5.31　天线子阵 2 对应不同 H_{air} 的 S 参数（a）和增益（b）的对比曲线

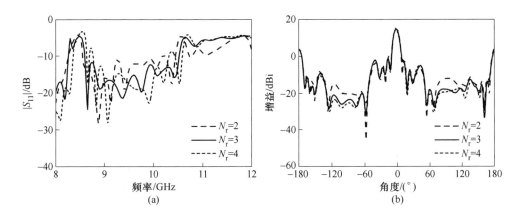

图 5.32 天线子阵 2 对应不同 N_r 的 S 参数 (a) 和增益 (b) 的对比曲线

5.3.2 天线阵列设计与实现

图 5.33 给出了 8 单元的天线阵列，阵列的整体尺寸为 225 mm × 104 mm，天线阵列由辐射部分和馈电网络两部分组成。辐射部分由子阵 4 发展而来，8 个单元沿 x 轴排列，中心间距为 D_U，构成阵列的主体部分；1 分 8 馈电网络为阵列提供等幅和等相位的输入信号。功分器的整体设计原理与 5.2.2.1 节中阵列的 1 分 8 功分器相同。天线阵列采用微带线进行馈电，而梯形的馈电巴伦用于完成微带线到 SIW 的转换，馈电巴伦的左端连接 50 Ω 的 SMA 接头。

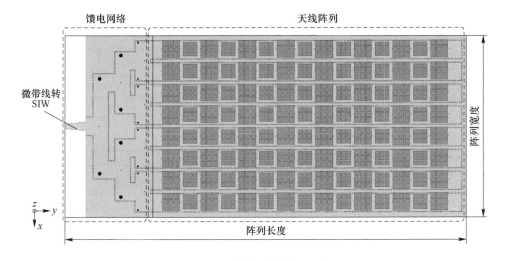

图 5.33 天线阵列结构示意图

阵列的馈电网络由 3 个基片集成波导 T 形 1 分 2 功分器和 4 个具有相等输出

的基片集成波导 Y 形 1 分 2 功分器组成，如图 5.34 所示。位于拐角处的耦合通孔 P_{d2}、P_{d5}、P_{d8}、P_{d3}、P_{d6}、P_{d9} 用于调整阻抗匹配，耦合通孔 P_{d1}、P_{d4} 和 P_{d7} 用于调控与中心幅度相同的相位。优化后的通孔位置如图 5.34 所示，相对坐标见表 5.5。图 5.35 给出了功分网络的性能曲线，可以发现工作频带为 8.09 ~ 11.59 GHz，端口 2 到端口 9 的传输系数也由图 5.35 给出。可以看出，它们在工作频段内具有几乎相同的幅度和相位，充分保证了工作频段内天线各子阵之间能够获得相同的功率输入。

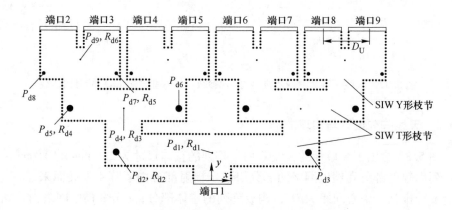

图 5.34　8 × 8 平面阵列天线馈电网络结构示意图

表 5.5　稀疏化超构表面天线阵列各参数的值

参数	值/mm	参数	值/mm	参数	值/mm	参数	值/mm
P_{d1}	(0, 7.8)	P_{d5}	(−40.5, 20.2)	P_{d9}	(−37.5, 34)	R_{d4}	1.1
P_{d2}	(−27.2, 7.9)	P_{d6}	(9.5, 20.2)	R_{d1}	0.2	R_{d5}	0.5
P_{d3}	(27.2, 7.9)	P_{d7}	(−27.1, 30.1)	R_{d2}	1	R_{d6}	0.2
P_{d4}	(−25, 20.2)	P_{d8}	(−47.9, 30.1)	R_{d3}	0.2	D_U	12.5

5.3.3　天线实物的性能测试

接下来对所设计的天线阵列进行实物性能测试。图 5.36 显示了天线阵列实物和测试环境，该阵列由 AV3672B 矢量网络分析仪和标准暗室进行测量。图 5.37 显示了天线阵列的仿真和实测 S 参数和增益对比曲线，天线的仿真带宽为 8.75 ~ 10.82 GHz（21.2%）。在工作频段内，增益从 15.3 dBi 逐渐增加至 21.6 dBi（10.5 GHz），随后开始下降；实测带宽为 8.88 ~ 10.62 GHz（17.8%），增益从 15.5 dBi 逐渐增加至 21 dBi（10.5 GHz），随后同样开始下降。轻微差异是由于测量环境误差，或 SMA 接头焊接过程中造成的，阵列的阻抗带宽主要受馈电网络的影响。图 5.37 给出了天线阵列的仿真和实测 S 参数和

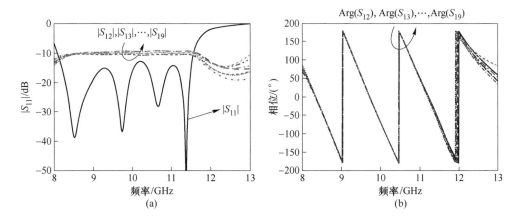

图 5.35 1×8 馈电网络仿真参数曲线

(a) S 参数幅度；(b) 输出相位

增益曲线。图 5.37 和图 5.26 及图 5.28 的仿真结果吻合良好，与原始缝隙天线阵列相比，该天线在带宽和增益上具有更好的性能，意味着该方法有效且有意义。

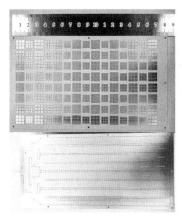

图 5.36 天线阵列实物和测试环境

图 5.38 展示了天线阵列工作在 9.5 GHz 和 10.5 GHz 处 E 面及 H 面的仿真和实测辐射方向图。如图 5.38(a) 和 (c) 所示，9.5 GHz 和 10.5 GHz 处的 E 面方向图主瓣宽度分别为 21° 和 20°，第一副瓣分别为 – 20.3 dB 和 – 16.4 dB；从图 5.38(b) 和 (d) 可以看出，9.5 GHz 和 10.5 GHz 处的 H 面方向图的主瓣宽度均为 30°，第一副瓣分别为 – 14.1 dB 和 – 14.3 dB，仿真结果和实测结果相似度较高。先前的其他设计与本节中设计的天线阵列之间的比较见表 5.6，在尺寸保持不变的情况下，所设计天线的工作频带和增益得到了改善。

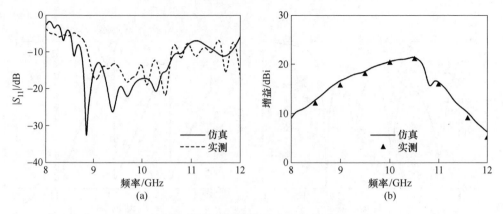

图 5.37   天线阵列的仿真和实测结果

（a）S 参数；（b）增益

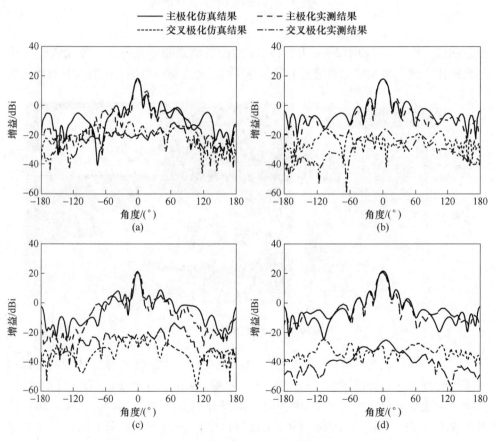

图 5.38   天线阵列仿真和实测辐射方向图

（a）E 面（9.5 GHz）；（b）H 面（9.5 GHz）；

（c）E 面（10.5 GHz）；（d）H 面（10.5 GHz）

表 5.6　所设计的天线与其他 SIW 宽带天线阵的性能比较

文献	频率/GHz	带宽/%	增益/dBi	阵列形式	尺寸(λ_0^3)/mm×mm×mm	口径效率/%
[189]	60	30	27.5	8×8	9×9×2.75	47.1
[1]	10	4	22.3	10×10	7×5.67×0.05	34.1
[190]	10	6	20	8×8	5.8×3.67×0.03	37.2
[191]	10	3.8	21.5	10×10	约5.7×5.7×0.01	约34.6
[92]	25.84	4.8	22.4	8×8	约3.8×3.3×0.02	43
本节	10	21.2	21.6	8×8	7.5×3.46×0.16	45.1

本章提出了基片集成波导宽边缝隙阵列工作带宽拓展和增益提升的方法，实现了阵列工作带宽的拓展和增益的提升。研究取得以下结论：

（1）在 SIW 端射阵的基础上，单层介质上下两侧引入矩形超构表面，明显提升了天线的阻抗带宽。同时引入 C 形缝隙和 L 形金属壁，进一步改善阻抗匹配和前后辐射，集中辐射方向图并降低副瓣和后瓣水平，子阵增益提高了 1.6 dBi 以上。

（2）构建 1×8 有限型阵列验证设计的有效性，仿真和实测结果表明该天线实现了 58.6%（7.3～13.35 GHz）和 54%（7.35～13.05 GHz）的阻抗带宽，峰值增益分别为 15.2 dBi 和 14.9 dBi。

（3）在传统 SIW 宽边缝隙阵列的基础上，通过减少缝隙单元的数量，稀疏化处理及对辐射缝隙合理优化，减弱了相互耦合，最终拓宽了带宽，同时降低了副瓣。

（4）在 SIW 宽边缝隙稀疏化天线阵列的基础上引入混合超构表面的设计思路，进一步扩展了天线单元的工作带宽，同时提高了增益。带宽从 1.28 GHz（8.96～10.24 GHz）增加到 1.91 GHz（8.61～10.52 GHz），带宽增加 630 MHz（6.3%），增益提升的最大值为 3.1 dBi。

（5）通过构建 8×8 有限 SIW 宽边缝隙天线阵列进行验证可知，天线阵列可以实现 8.75～10.82 GHz（21.2%）的阻抗带宽，以及 21.6 dBi 的峰值增益。与原始缝隙天线阵列相比，所构建的天线阵列在带宽和增益上具有更好的性能，意味着该方法有效且有意义。

参 考 文 献

［1］FANG D G. Antenna Theory and Microstrip Antennas［M］. Taylor and Francis, 2017.

［2］LI T, CHEN Z N. Shared-surface dual-band antenna for 5G applications［J］. IEEE Transactions on Antennas and Propagation, 2020, 68(2): 1128-1133.

［3］BAI X, SU M, LIU Y, et al. Wideband pattern-reconfigurable cone antenna employing liquid-metal reflectors［J］. IEEE Antennas and Wireless Propagation Letters, 2018, 17(5): 916-919.

［4］ZHENG S Y, CHAN W S, MAN K F. Broadband phase shifter using loaded transmission line ［J］. IEEE Antennas and Wireless Propagation Letters, 2010, 20(9): 498-500.

［5］GUAN D F, QIAN Z P, ZHANG Y S, et al. Novel siw cavity-backed antenna array without using individual feeding network［J］. IEEE Antennas and Wireless Propagation Letters, 2014, 13: 423-426.

［6］DASH S K K, CHENG Q S, BARIK R K, et al. A compact siw cavity-backed self-multiplexing antenna for hexa-band operation［J］. IEEE Transactions on Antennas and Propagation, 2022, 70 (3): 2283-2288.

［7］DONG Y, TOYAO H, ITOH T. Compact circularly-polarized patch antenna loaded with metamaterial structures［J］. IEEE Transactions on Antennas and Propagation, 2011, 59(11): 4329-4333.

［8］王世彬. 基于超构表面高效宽带极化转换器设计［D］. 西安: 空军工程大学, 2018.

［9］蔡通. 新型超构表面机理、设计与高效电磁波前调控［D］. 西安: 空军工程大学, 2017.

［10］NIE N S, YANG X S, CHEN Z N, et al. A low-profile wideband hybrid metasurface antenna array for 5G and wifi systems［J］. IEEE Transactions on Antennas and Propagation, 2020, 68 (2): 665-671.

［11］KANG H, PARK S O. Mushroom meta-material based substrate integrated waveguide cavity backed slot antenna with broadband and reduced back radiation［J］. IET Microwaves, Antennas and Propagation, 2016, 10(14): 1598-1603.

［12］CHETTRI L, BERA R. A comprehensive survey on internet of things(IoT) toward 5G wireless systems［J］. IEEE Internet of Things Journal, 2020, 7(1): 16-32.

［13］GHOSH S, TRAN T, NGOC L. Dual-layer EBG-based miniaturized multi-element antenna for MIMO systems ［J］. IEEE Transactions on Antennas and Propagation, 2014, 62(8): 3985-3997.

［14］DING K, GAO C, QU D, et al. Compact broadband MIMO antenna with parasitic strip［J］. IEEE Antennas and Wireless Propagation Letters, 2017, 15: 2349-2353.

［15］ELOBIED A A, YANG X X, LOU T, et al. Compact 2×2 MIMO antenna with low mutual coupling based on half mode substrate integrated waveguide［J］. IEEE Transactions on Antennas and Propagation, 2021, 69(5): 2975-2980.

［16］ZHANG S, PEDERSEN G F. Mutual coupling reduction for UWB MIMO antennas with a wideband neutralization line［J］. IEEE Antennas and Wireless Propagation Letters, 2016, 15: 166-169.

[17] YAN L, HONG W, HUA G, et al. Simulation and experiment on siw slot array antennas [J]. IEEE Microwave and Wireless Components Letters, 2004, 14(9): 446-448.

[18] WU K. Integration and interconnect techniques of planar and non-planar structures for microwave and millimeter-wave circuits-current status and future trend [C]// Microwave Conference, 2001.

[19] 郝张成. 基片集成波导技术研究 [D]. 南京：东南大学, 2005.

[20] HESARI S, BORNEMANN J. Wideband circularly polarized substrate integrated waveguide endfire antenna system with high gain [J]. IEEE Antennas and Wireless Propagation Letters, 2017, 16: 2262-2265.

[21] 孙鲁兵, 钱祖平, 张颖松. TE$_{30}$模基片集成波导功分器 [J]. 军事通信技术, 2017, 38 (1): 3.

[22] TAN L R, WU R X, POO Y. Magnetically reconfigurable siw antenna with tunable frequencies and polarizations [J]. IEEE Transactions on Antennas and Propagation, 2015, 63(6): 2772-2776.

[23] YAN L, HONG W, HUA G, et al. Simulation and experiment on siw slot array antennas [J]. IEEE Microwave and Wireless Components Letters, 2004, 14(9): 446-448.

[24] XU J F, HONG W, CHEN P, et al. Design and implementation of low sidelobe substrate integrated waveguide longitudinal slot array antennas [J]. IET Microwaves Antennas and Propagation, 2009, 3(5): 790-797.

[25] CHENG Y J, HONG W, WU K. 94 GHz Substrate integrated monopulse antenna array [J]. IEEE Transactions on Antennas and Propagation, 2012, 60(1): 121-129.

[26] CHENG Y J, XU H, MA D, et al. Millimeter-wave shaped-beam substrate integrated conformal array antenna [J]. IEEE Transactions on Antennas and Propagation, 2013, 61(9): 4558-4566.

[27] WU P, LIAO S, XUE Q. Wideband excitations of higher-order mode substrate integrated waveguides and their applications to antenna array design [J]. IEEE Transactions on Antennas and Propagation, 2017, 65(8): 4038-4047.

[28] CHEN K, ZHANG Y H, HE S Y, et al. An electronically controlled leaky-wave antenna based on corrugated siw structure with fixed-frequency beam scanning [J]. IEEE Antennas and Wireless Propagation Letters, 2019, 18(3): 551-555.

[29] RANJAN R, GHOSH J. SIW-based leaky-wave antenna supporting wide range of beam scanning through broadside [J]. IEEE Antennas and Wireless Propagation Letters, 2019, 18 (4): 606-610.

[30] YAN S P, ZHAO M H, BAN Y L, et al. Dual-layer siw multibeam pillbox antenna with reduced sidelobe level [J]. IEEE Antennas and Wireless Propagation Letters, 2019, 18(3): 541-545.

[31] SERHSOUH I, HIMDI M, LEBBAR H. Design of coplanar slotted siw antenna arrays for beam-tilting and 5G applications [J]. IEEE Antennas and Wireless Propagation Letters, 2019, 19 (1): 4-8.

[32] WU Y F, CHENG Y J, ZHONG Y C, et al. Substrate integrated waveguide slot array antenna to

generate bessel beam with high transverse linear polarization purity [J]. IEEE Transactions on Antennas and Propagation, 2021, 70(1): 750-755.

[33] LUO G Q, HU Z F, DONG L X, et al. Planar slot antenna backed by substrate integrated waveguide cavity [J]. IEEE Antennas and Wireless Propagation Letters, 2008, 7(1): 236-239.

[34] BOHÓRQUEZ J C, PEDRAZA H A F, PINZON I C H, et al. Planar substrate integrated waveguide cavity-backed antenna [J]. IEEE Antennas and Wireless Propagation Letters, 2009, 8: 1139-1142.

[35] GIUPPI F, GEORGIADIS A, COLLADO A, et al. Tunable siw cavity backed active antenna oscillator [J]. Electronics Letters, 2010, 46(15): 1053-1055.

[36] LUO G Q, HU Z F, LI W J, et al. Bandwidth-enhanced low-profile cavity-backed slot antenna by using hybrid siw cavity modes [J]. IEEE Transactions on Antennas and Propagation, 2012, 60(4): 1698-1704.

[37] MUKHERJEE S, BISWAS A, SRIVASTAVA K V. Broadband substrate integrated waveguide cavity-backed bow-tie slot antenna [J]. IEEE Antennas and Wireless Propagation Letters, 2014, 13: 1152-1155.

[38] KUMAR A, SARAVANAKUMAR M, RAGHAVAN S. Dual-frequency siw-based cavity-backed antenna [J]. AEU-International Journal of Electronics and Communications, 2018, 97: 195-201.

[39] KIM D Y, LEE J W, LEE T K, et al. Design of siw cavity-backed circular-polarized antennas using two different feding transitions [J]. IEEE Transactions on Antennas and Propagation, 2011, 59(4): 1398-1403.

[40] YANG Y, LI L, LI J, et al. A circularly polarized rectenna array based on substrate integrated waveguide structure with harmonic suppression [J]. IEEE Antennas and Wireless Propagation Letters, 2018, 17(4): 684-688.

[41] XU H, ZHOU J, ZHOU K, et al. Planar wideband circularly polarized cavity-backed stacked patch antenna array for millimeter-wave applications [J]. IEEE Transactions on Antennas and Propagation, 2018, 66(10): 5170-5179.

[42] LI Y, LUK K M. 60-GHz substrate integrated waveguide fed cavity-backed aperture-coupled microstrip patch antenna arrays [J]. IEEE Transactions on Antennas and Propagation, 2016, 63(3): 1075-1085.

[43] GUAN D F, DING C, QIAN Z P, et al. Broadband high-gain siw cavity-backed circular-polarized array antenna [J]. IEEE Transactions on Antennas and Propagation, 2016, 64(4): 1493-1497.

[44] JIN C, LI R, ALPHONES A, et al. Quarter-mode substrate integrated waveguide and its application to antennas design [J]. IEEE Transactions on Antennas and Propagation, 2013, 61(6): 2921-2928.

[45] MOSCATO S, TOMASSONI C, BOZZI M, et al. Quarter-mode cavity filters in substrate integrated waveguide technology [J]. IEEE Transactions on Microwave Theory and Techniques,

2016, 64(8): 2538-2547.

[46] CHATURVEDI D, RAGHAVAN S. A quarter-mode siw based antenna for ISM band application [C]// 2017 IEEE International Conference on Antenna Innovations & Modern Technologies for Ground, Aircraft and Satellite Applications(iAIM), 2017.

[47] PAL A, MEHTA A, MIRSHEKAR S D, et al. A twelve-beam steering low-profile patch antenna with shorting vias for vehicular applications [J]. IEEE Transactions on Antennas and Propagation, 2017, 65(8): 3905-3912.

[48] SUN Y X, WU D, FANG X S, et al. Compact quarter-mode substrate-integrated waveguide dual-frequency millimeter-wave antenna array for 5G applications [J]. IEEE Antennas and Wireless Propagation Letters, 2020, 19(8): 1405-1409.

[49] JIN C, LI R, HU S, et al. Self-shielded circularly polarized antenna-in-package based on quarter mode substrate integrated waveguide subarray[J]. IEEE Transactions on Components, Packaging and Manufacturing Technology, 2014, 4(3): 392-399.

[50] IQBAL A, TIANG J J, WONG S K, et al. SIW cavity-backed self-quadruplexing antenna for compact RF front ends [J]. IEEE Antennas and Wireless Propagation Letters, 2021, 20(4): 562-566.

[51] NANDI S, MOHAN A. A compact eighth-mode circular siw cavity-based MIMO antenna [J]. IEEE Antennas and Wireless Propagation Letters, 2021, 20(9): 1834-1838.

[52] DECKMYN T, AGNEESSENS S, RENIERS A C F, et al. A novel 60 Ghz wideband coupled half-mode/quarter-mode substrate integrated waveguide antenna [J]. IEEE Transactions on Antennas and Propagation, 2017, 65(12): 6915-6926.

[53] DECKMYN T, CAUWE M, GINSTE D V H, et al. Dual-band(28, 38) GHz coupled quarter-mode substrate-integrated waveguide antenna array for next-generation wireless systems [J]. IEEE Transactions on Antennas and Propagation, 2019, 67(4): 2405-2412.

[54] NIU B J, TAN J H. Low-profile siw cavity antenna with enhanced bandwidth and controllable radiation null [J]. Microwave and Optical Technology Letters, 2020, 62(5): 2014-2018.

[55] YANG T, ZHAO Z, YANG D, et al. A single-layer circularly polarized antenna with improved gain based on quarter-modesubstrate integrated waveguide cavities array [J]. IEEE Antennas and Wireless Propagation Letters, 2020, 19(12): 2388-2392.

[56] 卫杰. 基片集成波导和超材料在天线中的应用研究 [D]. 成都: 电子科技大学, 2013.

[57] LU W, ZHU L. Wideband stub-loaded slotline antennas under multi-mode resonance operation [J]. IEEE Transactions on Antennas and Propagation, 2014, 63(2): 818-823.

[58] FAN K, HAO Z, YUAN Q, et al. A wideband high-gain planar integrated antenna array for e-band backhaul applications [J]. IEEE Transactions on Antennas and Propagation, 2019, 68(3): 2138-2147.

[59] ALTAF A, ABBAS W, SEO M. A wideband siw-based slot antenna for d-band applications [J]. IEEE Antennas and Wireless Propagation Letters, 2021, 20(10): 1868-1872.

[60] CAI Y, ZHANG Y, DING C, et al. A wideband multilayer substrate integrated waveguide cavity-backed slot antenna array [J]. IEEE Transactions on Antennas and Propagation, 2017,

65(7): 3465-3473.

[61] WANG R, DUAN Y, SONG Y, et al. Broadband high-gain empty siw cavity-backed slot antenna [J]. IEEE Antennas and Wireless Propagation Letters, 2021, 20(10): 2073-2077.

[62] CHOUBEY P N, HONG W, HAO Z C, et al. A wideband dual-mode siw cavity-backed triangular-complimentary-split-ring-slot(TCSRS) antenna [J]. IEEE Transactions on Antennas and Propagation, 2016, 64(6): 2541-2545.

[63] CHENG T, JIANG W, GONG S, et al. Broadband siw cavity-backed modified dumbbell-shaped slot antenna [J]. IEEE Antennas and Wireless Propagation Letters, 2019, 18(5): 936-940.

[64] YIN J Y, BAI T L, DENG J Y, et al. Wideband single-layer substrate integrated waveguide filtering antenna with u-shaped slots [J]. IEEE Antennas and Wireless Propagation Letters, 2021, 20(9): 1726-1730.

[65] SHI Y, LIU J, LONG Y. Wideband triple-and quad-resonance substrate integrated waveguide cavity-backed slot antennas with shorting vias [J]. IEEE Transactions on Antennas and Propagation, 2017, 65(11): 5768-5775.

[66] WU Q, YIN J, YU C, et al. Broadband planar siw cavity-backed slot antennas aided by unbalanced shorting vias [J]. IEEE Antennas and Wireless Propagation Letters, 2019, 18(2): 363-367.

[67] WU J, CHENG Y J, FAN Y. A wideband high-gain high-efficiency hybrid integrated plate array antenna for v-band inter-satellite links [J]. IEEE Transactions on Antennas and Propagation, 2014, 63(4): 1225-1233.

[68] HU H T, CHAN C H. Substrate-integrated-waveguide-fed wideband filtering antenna for millimeter-wave applications [J]. IEEE Transactions on Antennas and Propagation, 2021, 69(12): 8125-8135.

[69] LI Y, LUK K M. A 60-GHz wideband circularly polarized aperture-coupled magneto-electric dipole antenna array [J]. IEEE Transactions on Antennas and Propagation, 2016, 64(4): 1325-1333.

[70] FENG B, LAI J, CHUNG K L, et al. A compact wideband circularly polarized magneto-electric dipole antenna array for 5G millimeter-wave application [J]. IEEE Transactions on Antennas and Propagation, 2020, 68(9): 6838-6843.

[71] ZHU C, XU G, DING D, et al. Low-profile wideband millimeter-wave circularly polarized antenna with hexagonal parasitic patches [J]. IEEE Antennas and Wireless Propagation Letters, 2021, 20(9): 1651-1655.

[72] CAI Y, QIAN Z P, ZHANG Y S, et al. Bandwidth enhancement of siw horn antenna loaded with air-via perforated dielectric slab [J]. IEEE Antennas and Wireless Propagation Letters, 2014, 13: 571-574.

[73] GHOSH A, MANDAL K. High gain and wideband substrate integrated waveguide based h-plane horn antenna [J]. AEU-International Journal of Electronics and Communications, 2019, 105: 85-91.

[74] LI T, CHEN Z N. Wideband substrate-integrated waveguide-fed endfire metasurface antenna

array [J]. IEEE Transactions on Antennas and Propagation, 2018, 66(12): 7032-7040.

[75] WANG L, LIAO Q. Wideband multibeam siw horn array with high beam isolation and full azimuth coverage [J]. IEEE Transactions on Antennas and Propagation, 2021, 69(9): 6070-6075.

[76] ZHU H L, LIU X H, CHEUNG S W, et al. Frequency-reconfigurable antenna using metasurface [J]. IEEE Transactions on Antennas and Propagation, 2013, 62(1): 80-85.

[77] LIN F H, CHEN Z N. A method of suppressing higher order modes for improving radiation performance of metasurface multiport antennas using characteristic mode analysis [J]. IEEE Transactions on Antennas and Propagation, 2018, 66(4): 1894-1902.

[78] XIE P, WANG G, LI H, et al. Circularly polarized fabry-perot antenna employing a receiver-transmitter polarization conversion metasurface [J]. IEEE Transactions on Antennas and Propagation, 2019, 68(4): 3213-3218.

[79] TAO J, LI X, LI Y, et al. SIW-fed double layer end-fire metasurface antenna array with improved gain[C]//2019 Cross Strait Quad-Regional Radio Science and Wireless Technology Conference(CSQRWC). IEEE, 2019: 1-3.

[80] LIAN J W, DING D, CHEN R. Wideband millimeter-wave substrate integrated waveguide fed metasurface antenna [J]. IEEE Transactions on Antennas and Propagation, 2022.

[81] LI T, CHEN Z N. Design of dual-band metasurface antenna array using characteristic mode analysis(CMA)for 5G millimeter-wave applications [C]//2018 IEEE-APS Topical Conference on Antennas and Propagation in Wireless Communications(APWC). IEEE, 2018: 721-724.

[82] WANI Z, ABEGAONKAR M P, KOUL S K. High-low-epsilon biaxial anisotropic lens for enhanced gain and aperture efficiency of a linearly polarized antenna [J]. IEEE Transactions on Antennas and Propagation, 2020, 68(12): 8133-8138.

[83] SABAHI M M, HEIDARI A A, MOVAHHEDI M. A compact CRLH circularly polarized leaky-wave antenna based on substrate-integrated waveguide [J]. IEEE Transactions on Antennas and Propagation, 2018, 66(9): 4407-4414.

[84] YANG Q, GAO S, LUO Q, et al. A dual-polarized planar antenna array differentially-fed by orthomode transducer [J]. IEEE Transactions on Antennas and Propagation, 2020, 69(5): 2637-2647.

[85] LI S, XU F, WAN X, et al. Programmable metasurface based on substrate-integrated waveguide for compact dynamic-pattern antenna [J]. IEEE Transactions on Antennas and Propagation, 2020, 69(5): 2958-2962.

[86] FOUDAZI A, DONNELL K M. Mutual coupling reduction in orthogonally fed aperture-coupled patch antennas via an integrated metasurface [C]// 2017 IEEE International Symposium on Antennas and Propagation & USNC/URSI National Radio Science Meeting. IEEE, 2017: 2657-2658.

[87] PANDIT S, MOHAN A, RAY P. A low-profile high-gain substrate-integrated waveguide-slot antenna with suppressed cross polarization using metamaterial [J]. IEEE Antennas and Wireless Propagation Letters, 2017, 16: 1614-1617.

［88］ PASSIA M T, YIOULTSIS T V. New uniplanar and broadside-coupled CSRR substrate integrated waveguides for mmwave components ［C］//2022 16th European Conference on Antennas and Propagation(EuCAP), 2022: 1-5.

［89］ CHEN Z N, LIU W, QING X. Low-Profile broadband mushroom and metasurface antennas ［C］//2017 International Workshop on Antenna Technology: Small Antennas, Innovative Structures, and Applications(IWAT), 2017: 13-16.

［90］ LI T, CHEN Z N. Wideband sidelobe-level reduced ka-band metasurface antenna array fed by substrate-integrated gap waveguide using characteristic mode analysis ［J］. IEEE Transactions on Antennas and Propagation, 2019, 68(3): 1356-1365.

［91］ LI T, CHEN Z N. A dual-band metasurface antenna using characteristic mode analysis ［J］. IEEE Transactions on Antennas and Propagation, 2018, 66(10): 5620-5624.

［92］ LI T, CHEN Z N. Metasurface-based shared-aperture 5G S-/K-band antenna using characteristic mode analysis ［J］. IEEE Transactions on Antennas and Propagation, 2018, 66 (12): 6742-6750.

［93］ KANTH V K, RAGHAVAN S. Dual-band frequency selective surface based on shunted siw cavity technology ［J］. IEEE Microwave and Wireless Components Letters, 2020, 30(3): 245-248.

［94］ YANG W, CHEN S, CHE W, et al. Compact high-gain metasurface antenna arrays based on higher-mode siw cavities ［J］. IEEE Transactions on Antennas and Propagation, 2018, 66(9): 4918-4923.

［95］ LI C, ZHU X W, LIU P, et al. A metasurface-based multilayer wideband circularly polarized patch antenna array with a parallel feeding network for Q-band ［J］. IEEE Antennas and Wireless Propagation Letters, 2019, 18(6): 1208-1212.

［96］ ZHANG L, WU K, WONG S W, et al. Wideband high-efficiency circularly polarized siw-fed s-dipole array for millimeter-wave applications ［J］. IEEE Transactions on Antennas and Propagation, 2019, 68(3): 2422-2427.

［97］ LIANG J, LIU J. A low-profile planar surface-wave antenna with metasurface for endfire radiation ［J］. IEEE Antennas and Wireless Propagation Letters, 2020, 19(12): 2452-2456.

［98］ LIAN J W, BAN Y L, GUO Y J. Wideband dual-layer huygens' metasurface for high-gain multibeam array antennas ［J］. IEEE Transactions on Antennas and Propagation, 2021, 69 (11): 7521-7531.

［99］ CAO Y, YAN S. A low-profile high-gain multi-beam antenna based on cylindrical metasurface luneburg lens ［C］// Computing, Communications and IoT Applications(ComComAp), 2021: 35-38.

［100］ CHENG Y F, LIAO C, GAO G F, et al. Performance enhancement of a planar slot phased array by using dual-mode siw cavity and coding metasurface ［J］. IEEE Transactions on Antennas and Propagation, 2021, 69(9): 6022-6027.

［101］ LI T, CHEN Z N. Control of beam direction for substrate-integrated waveguide slot array antenna using metasurface ［J］. IEEE Transactions on Antennas and Propagation, 2018, 66

(6)：2862-2869.

［102］ HU Y, HONG W, JIANG Z H. A multibeam folded reflectarray antenna with wide coverage and integrated primary sources for millimeter-wave massive MIMO applications ［J］. IEEE Transactions on Antennas and Propagation, 2018, 66(12)：6875-6882.

［103］ YURDUSEVEN O, LEE C, GONZÁLEZ-OVEJERO D, et al. Multibeam Si/GaAs holographic metasurface antenna at W-band ［J］. IEEE Transactions on Antennas and Propagation, 2020, 69(6)：3523-3528.

［104］ WU G C, WANG G M, FU X L, et al. Metamaterial beam scanning leaky-wave antenna based on quarter mode substrate integrated waveguide structure ［J］. 中国物理 b：英文版, 2017, 26(2)：200-205.

［105］ AGARWAL R, YADAVA R L, DAS S. A multilayered siw-based circularly polarized CRLH leaky wave antenna ［J］. IEEE Transactions on Antennas and Propagation, 2021, 69(10)：6312-6321.

［106］ YANG Y, BAN Y L, YANG Q, et al. Millimeter wave wide-angle scanning circularly polarized antenna array with a novel polarizer ［J］. IEEE Transactions on Antennas and Propagation, 2021, 70(2)：1077-1086.

［107］ MUNK B A. Frequency Selective Surface：Theory and Design ［M］. New York：Wiley, 2000.

［108］ KARIMIAN R, KESAVAN A, NEDIL M, et al. Low-mutual-coupling 60 GHz MIMO antenna system with frequency selective surface wall ［J］. IEEE Antennas and Wireless Propagation Letters, 2017, 16：373-376.

［109］ QIAN W, XIA W, ZHOU W Q, et al. A graphene-based stopband FSS with suppressed mutual coupling in dielectric resonator antennas ［J］. Materials, 2021, 14(6)：1490.

［110］ AKBARI M, ALI M M, FARAHANI M, et al. Spatially mutual coupling reduction between CP-MIMO antennas using FSS superstrate ［J］. Electronics Letters, 2017, 53(8)：516-518.

［111］ ZHU Y F, CHEN Y K, YANG S W. Decoupling and low-profile design of dual-band dual-polarized base station antennas using frequency-selective surface ［J］. IEEE Transactions on Antennas and Propagation, 2019, 67(8)：5272-5281.

［112］ ZHU Y F, CHEN Y K, YANG S W. Cross-band mutual coupling reduction in dual-band base-station antennas with a novel grid frequency selective surface ［J］. IEEE Transactions on Antennas and Propagation, 2021, 69(12)：8991-8996.

［113］ BAIT-SUWAILAM M M, BOYBAY M S, RAMAHI O M. Electromagnetic coupling reduction in high-profile monopole antennas using single-negative magnetic metamaterials for MIMO applications ［J］. IEEE Transactions on Antennas and Propagation, 2010, 58(9)：2894-2902.

［114］ YANG X M, LIU X G, ZHOU X Y, et al. Reduction of mutual coupling between closely packed patch antennas using waveguided metamaterials ［J］. IEEE Antennas and Wireless Propagation Letters, 2012, 11：389-391.

［115］ WANG Z Y, ZHAO L Y, CAI Y M, et al. A meta-surface antenna array decoupling(MAAD) method for mutual coupling reduction in a MIMO antenna system ［J］. Scientific Reports,

2018, 8: 3152.

[116] SI L M, JIANG H X, LV X, et al. Broadband extremely close-spaced 5G MIMO antenna with mutual coupling reduction using metamaterial-inspired superstrate [J]. Optics Express, 2019, 27(3): 3472-3482.

[117] WANG Z Y, LI C L, YIN Y Z. A meta-surface antenna array decoupling(MAAD) design to improve the isolation performance in a MIMO system [J]. IEEE Access, 2020, 8: 61797-61805.

[118] ZHANG J, LI J X, CHEN J. Mutual coupling reduction of a circularly polarized four-element antenna array using metamaterial absorber for unmanned vehicles [J]. IEEE Access, 2019, 7: 57469-57475.

[119] XU Z Y, YANG H L, ZHANG Q S, et al. Broadband antipodal tapered slot antenna array with low mutual coupling and high gain properties [J]. IET Microwaves Antennas & Propagation, 2019, 13(10): 1653-1659.

[120] XU Z, ZHAO Z, ZHANG Q S, et al. Mutual coupling reduction in planar yagi antenna array using bidirectional absorbing metasurface [J]. International Journal of RF and Microwave Computer-Aided Engineering, 2020, 30(2): e22051.

[121] CHENG Y F, DING X, SHAO W, et al. Reduction of mutual coupling between patch antennas using a polarization-conversion isolator [J]. IEEE Antennas and Wireless Propagation Letters, 2017, 16: 1257-1260.

[122] CHENG Y F, DING X, GAO G F, et al. Analysis and design of wide-scan phased array using polarization-conversion isolators [J]. IEEE Antennas and Wireless Propagation Letters, 2019, 18(3): 512-516.

[123] LUAN H Z, CHEN C, CHEN W D, et al. Mutual coupling reduction of closely E/H-plane coupled antennas through metasurfaces [J]. IEEE Antennas and Wireless Propagation Letters, 2019, 18(10): 1996-2000.

[124] LIU F, GUO J Y, ZHAO L Y, et al. Dual-band metasurface-based decoupling method for two closely packed dual-band antennas [J]. IEEE Transactions on Antennas and Propagation, 2020, 68(1): 552-557.

[125] CHUI C Y, CHENG C, MURCH R D, et al. Reduction of mutual coupling between closely-packed antenna elements [J]. IEEE Transactions on Antennas and Propagation, 2007, 55(6): 1732-1738.

[126] SONKKI M, SALONEN E. Low mutual coupling between monopole antennas by using two $\lambda/2$ slots [J]. IEEE Antennas and Wireless Propagation Letters, 2010, 9: 138-141.

[127] YANG J, YANG F, WANG Z M. Reducing mutual coupling of closely spaced microstrip MIMO antennas for WLAN application [J]. IEEE Antennas and Wireless Propagation Letters, 2011, 10: 310-313.

[128] NURHAYATI, HENDRANTORO G, FUKUSAKO T, et al. Mutual coupling reduction for a UWB coplanar Vivaldi array by a truncated and corrugated slot [J]. IEEE Antennas and Wireless Propagation Letters, 2018, 17(12): 2284-2288.

[129] ZHU S S, LIU H W, WEN P, et al. Vivaldi antenna array using defected ground structure for edge effect restraint and back radiation suppression [J]. IEEE Antennas and Wireless Propagation Letters, 2020, 19(1): 84-88.

[130] BAIT-SUWAILAM M M, SIDDIQUI O F, RAMAHI O M. Mutual coupling reduction between microstrip patch antennas using slotted-complementary split-ring resonators [J]. IEEE Antennas and Wireless Propagation Letters, 2010, 9: 876-878.

[131] WEI K, LI J Y, WANG L, et al. Mutual coupling reduction by novel fractal defected ground structure bandgap filter [J]. IEEE Transactions on Antennas and Propagation, 2016, 64(10): 4328-4335.

[132] GAO D, CAO Z X, FU S D, et al. A novel slot-array defected ground structure for decoupling microstrip antenna array [J]. IEEE Transactions on Antennas and Propagation, 2020, 68 (10): 7027-7038.

[133] GHOSH C K, BISWAS S, MANDAL D. Study of scan blindness of microstrip array by using dumbbell shaped split-ring DGS [J]. Progress In Electromagnetics Research M, 2014, 39: 123-129.

[134] FARSI S, ALIAKBARIAN H, SCHREURS D, et al. Mutual coupling reduction between planar antennas by using a simple microstrip U-section [J]. IEEE Antennas and Wireless Propagation Letters, 2012, 11: 1501-1503.

[135] MADDIO S, PELOSI G, RIGHINI M, et al. Mutual coupling reduction in multilayer patch antennas via meander line parasites [J]. Electronics Letters, 2018, 54(15): 922-923.

[136] ALSATH M G N, KANAGASABAI M, BALASUBRAMANIAN B. Implementation of slotted meander-line resonators for isolation enhancement in microstrip patch antenna arrays [J]. IEEE Antennas and Wireless Propagation Letters, 2013, 12: 15-18.

[137] HWANGBO S, YANG H Y, YOON Y K. Mutual coupling reduction using micromachined complementary meander-line slots for a patch array antenna [J]. IEEE Antennas and Wireless Propagation Letters, 2017, 16: 1667-1670.

[138] QI H Y, YIN X X, LIU L L, et al. Improving isolation between closely spaced patch antennas using interdigital lines [J]. IEEE Antennas and Wireless Propagation Letters, 2016, 15: 286-289.

[139] SUN X B, CAO M Y. Mutual coupling reduction in an antenna array by using two parasitic microstrips [J]. AEU-International Journal of Electronics and Communications, 2017, 74: 1-4.

[140] VISHVAKSENAN K S, MITHRA K, KALAIARASAN R, et al. Mutual coupling reduction in microstrip patch antenna arrays using parallel coupled-line resonators [J]. IEEE Antennas and Wireless Propagation Letters, 2017, 16: 2146-2149.

[141] LAU B K, ANDERSEN J B. Simple and efficient decoupling of compact arrays with parasitic scatterers [J]. IEEE Transactions on Antennas and Propagation, 2012, 60(2): 464-472.

[142] WEI K, ZHU B C. The novel W parasitic strip for the circularly polarized microstrip antennas design and the mutual coupling reduction between them [J]. IEEE Transactions on Antennas

and Propagation, 2019, 67(2): 804-813.

[143] LI M, ZHONG B G, CHEUNG S W. Isolation enhancement for MIMO patch antennas using near-field resonators as coupling-mode transducers [J]. IEEE Transactions on Antennas and Propagation, 2019, 67(2): 755-764.

[144] JIN F L, DING X, CHENG Y F, et al. A wideband phased array with broad scanning range and wide-angle impedance matching [J]. IEEE Transactions on Antennas and Propagation, 2020, 68(8): 6022-6031.

[145] CHEN S C, WANG Y S, CHUN S J. A decoupling technique for increasing the port isolation between two strongly coupled antennas [J]. IEEE Transactions on Antennas and Propagation, 2008, 56(12): 3650-3658.

[146] SUI J W, WU K L. A general T-stub circuit for decoupling of two dual-band antennas [J]. IEEE Transactions on Microwave Theory and Techniques, 2017, 65(6): 2111-2121.

[147] ZHANG Y M, YE Q C, PEDERSEN G F, et al. A simple decoupling network with filtering response for patch antenna arrays [J]. IEEE Transactions on Antennas and Propagation, 2021, 69(11): 7427-7439.

[148] ZHAO L Y, YEUNG L K, WU K L. A coupled resonator decoupling network for two-element compact antenna arrays in mobile terminals [J]. IEEE Transactions on Antennas and Propagation, 2014, 62(5): 2767-2776.

[149] ZHAO L Y, QIAN K W, WU K L. A cascaded coupled resonator decoupling network for mitigating interference between two radios in adjacent frequency bands [J]. IEEE Transactions on Microwave Theory and Techniques, 2014, 62(11): 2680-2688.

[150] ZHAO L Y, WU K L. A dual-band coupled resonator decoupling network for two coupled antennas [J]. IEEE Transactions on Antennas and Propagation, 2015, 63(7): 2843-2850.

[151] VOLMER C, WEBER J, STEPHAN R, et al. An eigen-analysis of compact antenna arrays and its application to port decoupling [J]. IEEE Transactions on Antennas and Propagation, 2008, 56(2): 360-370.

[152] XIA R L, QU S W, LI P F, et al. Wide-angle scanning phased array using an efficient decoupling network [J]. IEEE Transactions on Antennas and Propagation, 2015, 63(11): 5161-5165.

[153] LI M, JIANG L J, YEUNG K L. A novel wideband decoupling network for two antennas based on the Wilkinson power divider [J]. IEEE Transactions on Antennas and Propagation, 2020, 68(7): 5082-5094.

[154] LI M, YASIR J M, YEUNG K L, et al. A novel dual-band decoupling technique [J]. IEEE Transactions on Antennas and Propagation, 2020, 68(10): 6923-6934.

[155] ZOU X J, WANG G M, WANG Y W, et al. An efficient decoupling network between feeding points for multielement linear arrays [J]. IEEE Transactions on Antennas and Propagation, 2019, 67(5): 3101-3108.

[156] WÓJCIK D, SURMA M, NOGA A, et al. High port-to-port isolation dual-polarized antenna array dedicated for full-duplex base stations [J]. IEEE Antennas and Wireless Propagation

Letters, 2020, 19(7): 1098-1102.

[157] SU S W, LEE C T, CHANG F S. Printed MIMO-antenna system using neutralization-line technique for wireless USB-dongle applications [J]. IEEE Transactions on Antennas and Propagation, 2012, 60(2): 456-463.

[158] ZHANG S, PEDERSEN G F. Mutual coupling reduction for UWB MIMO antennas with a wideband neutralization line [J]. IEEE Antennas and Wireless Propagation Letters, 2016, 15: 166-169.

[159] LI M, JIANG L J, YEUNG K L. A general and systematic method to design neutralization lines for isolation enhancement in MIMO antenna arrays [J]. IEEE Transactions on Vehicular Technology, 2020, 69(6): 6242-6253.

[160] LIU R P, AN X, ZHENG H X, et al. Neutralization line decoupling tri-band multiple-input multiple-output antenna design [J]. IEEE Access, 2020, 8: 27018-27026.

[161] ZHAO A P, REN Z Y. Size Reduction of self-isolated MIMO antenna system for 5G mobile phone applications[J]. IEEE Antennas and Wireless Propagation Letters, 2019, 18(1): 152-156.

[162] SUN L B, LI Y, ZHANG Z J. Wideband decoupling of integrated slot antenna pairs for 5G smartphones [J]. IEEE Transactions on Antennas and Propagation, 2021, 69(4): 2386-2391.

[163] SUI J W, WU K L. Self-curing decoupling technique for two inverted-F antennas with capacitive loads [J]. IEEE Transactions on Antennas and Propagation, 2018, 66(3): 1093-1101.

[164] CHENG Y F, CHENG K K M. Decoupling of two-element printed-dipole antenna array by optimal meandering design [J]. IEEE Transactions on Antennas and Propagation, 2020, 68(11): 7328-7338.

[165] SUI J W, DOU Y H, MEI X D, et al. Self-curing decoupling technique for MIMO antenna arrays in mobile terminals [J]. IEEE Transactions on Antennas and Propagation, 2020, 68(2): 838-849.

[166] SUN L B, LI Y, ZHANG Z J, et al. Antenna decoupling by common and differential modes cancellation [J]. IEEE Transactions on Antennas and Propagation, 2021, 69(2): 672-682.

[167] GONG K, CHEN Z N, QING X, et al. Substrate integrated waveguide cavity-backed wide slot antenna for 60 Ghz bands [J]. IEEE Transactions on Antennas and Propagation, 2012, 60(12): 6023-6026.

[168] SIEVENPIPER D, ZHANG L, BROAS R F J. High-impedance electromagnetic surfaces with a forbidden frequency band [J]. IEEE Transactions on Microwave Theory and Techniques, 1999, 47(11): 2059-2074.

[169] KRAUS J D, MARHEFKA R J. Antennas: For All Applications [M]. 3rd edition, The McGraw-Hill Companies, Inc. , 2002.

[170] ALAM M S, ABBOSH A M. Beam-steerable planar antenna using circular disc and four pin-controlled tapered stubs for WiMAX and WLAN applications [J]. IEEE Antennas and Wireless

Propagation Letters, 2015, 15: 980-983.

[171] TOWFIQ M A, BAHCECI I, BLANCH S, et al. A reconfigurable antenna with beam steering and beamwidth variability for wireless communications [J]. IEEE Transactions on Antennas and Propagation, 2018, 66(10): 5052-5063.

[172] PEZHMAN M M, HEIDARI A A, GHAFOORZADEH Y A. Compact three-beam antenna based on siw multi-aperture coupler for 5G applications [J]. AEU-International Journal of Electronics and Communications, 2020, 123: 153302.

[173] LIAN J, BAN Y, ZHU J, et al. Compact 2-D scanning multibeam array utilizing the siw three-way couplers at 28 GHz [J]. IEEE Antennas and Wireless Propagation Letters, 2018, 17 (10): 1915-1919.

[174] MATHEW S, ANITHA R, DEEPAK U, et al. A compact tri-band dual-polarized corner-truncated sectoral patch antenna [J]. IEEE Transactions on Antennas and Propagation, 2015, 63(12): 5842-5845.

[175] HOANG T V, LE T T, LI Q Y, et al. Quad-band circularly polarized antenna for 2.4/5.3/ 5.8 GHz WLAN and 3.5 GHz WiMAX applications [J]. IEEE Antennas and Wireless Propagation Letters, 2016, 15: 1032-1035.

[176] KUMAR A, RAGHAVAN S. A self-triplexing siw cavity-backed slot antenna [J]. IEEE Antennas and Wireless Propagation Letters, 2018, 17(5): 772-775.

[177] KUMAR K, PRIYA S, DWARI S, et al. Self-quadruplexing circularly polarized siw cavity-backed slot antennas [J]. IEEE Transactions on Antennas and Propagation, 2020, 68(8): 6419-6423.

[178] PRIYA S, DWARI S, KUMAR K, et al. Compact self-quadruplexing siw cavity-backed slot antenna [J]. IEEE Transactions on Antennas and Propagation, 2019, 67(10): 6656-6660.

[179] NASERI H, POURMOHAMMADI P, IQBAL A, et al. SIW-based self-quadruplexing antenna for microwave and mm-wave frequencies [J]. IEEE Antennas and Wireless Propagation Letters, 2022, 21(7): 1482-1486.

[180] IQBAL A, AL-HASAN M, MABROUK I B, et al. Compact siw-based self-quadruplexing antenna for wearable transceivers [J]. IEEE Antennas and Wireless Propagation Letters, 2021, 20(1): 118-122.

[181] ZHONG Z P, ZHANG X, LIANG J J, et al. A Compact dual-band circularly polarized antenna with wide axial-ratio beamwidth for vehicle GPS datellite navigation application [J]. IEEE Transactions on Vehicular Technology, 2019, 68(9): 8683-8692.

[182] LI J, SHI H, LI H, et al. Quad-band probe-fed stacked annular patch antenna for GNSS applications [J]. IEEE Antennas and Wireless Propagation Letters, 2014, 13: 372-375.

[183] LIU Y, SHI D, ZHANG S, et al. Multiband antenna for satellite navigation system [J]. IEEE Antennas and Wireless Propagation Letters, 2016, 15: 1329-1332.

[184] ZHAI G, CHEN Z N, QING X. Mutual coupling reduction of a closely spaced four-element MIMO antenna system using discrete mushrooms [J]. IEEE Transactions on Microwave Theory and Techniques, 2016, 64(10): 3060-3067.

[185] ZHAI G, CHEN Z N, QING X. Enhanced isolation of a closely spaced four-element MIMO antenna system using metamaterial mushroom [J]. IEEE Transactions on Antennas and Propagation, 2015, 63(8): 3362-3370.

[186] CAI Y, ZHANG Y S, YANG L, et al. Design of low-profile metamaterial-loaded substrate integrated waveguide horn antenna and its array applications [J]. IEEE Transactions on Antennas and Propagation, 2017, 65(7): 3732-3737.

[187] ZOU X, TONG C M, BAO J S, et al. SIW-fed yagi antenna and its application on monopulse antenna [J]. IEEE Antennas and Wireless Propagation Letters, 2014, 13: 1035-1038.

[188] WANG L, ESQUIUS-MOROTE M, QI H, et al. Phase corrected H-plane horn antenna in gap siw technology [J]. IEEE Transactions on Antennas and Propagation, 2017, 65(1): 347-353.

[189] FARAHBAKHSH A, ZARIFI D, ZAMAN A U. A mmwave wideband slot array antenna based on ridge gap waveguide with 30% bandwidth [J]. IEEE Transactions on Antennas and Propagation, 2017, 66(2): 1008-1013.

[190] MALLAHZADEH A, MOHAMMAD-ALI-NEZHAD S. A low cross-polarization slotted ridged siw array antenna design with mutual coupling considerations [J]. IEEE Transactions on Antennas and Propagation, 2015, 63(10): 4324-4333.

[191] YANG H, JIN Z S, MONTISCI G, et al. Design equations for cylindrically conformal arrays of longitudinal slots [J]. IEEE Transactions on Antennas and Propagation, 2015, 64(1): 8.